JN431972

MATHEMATICS

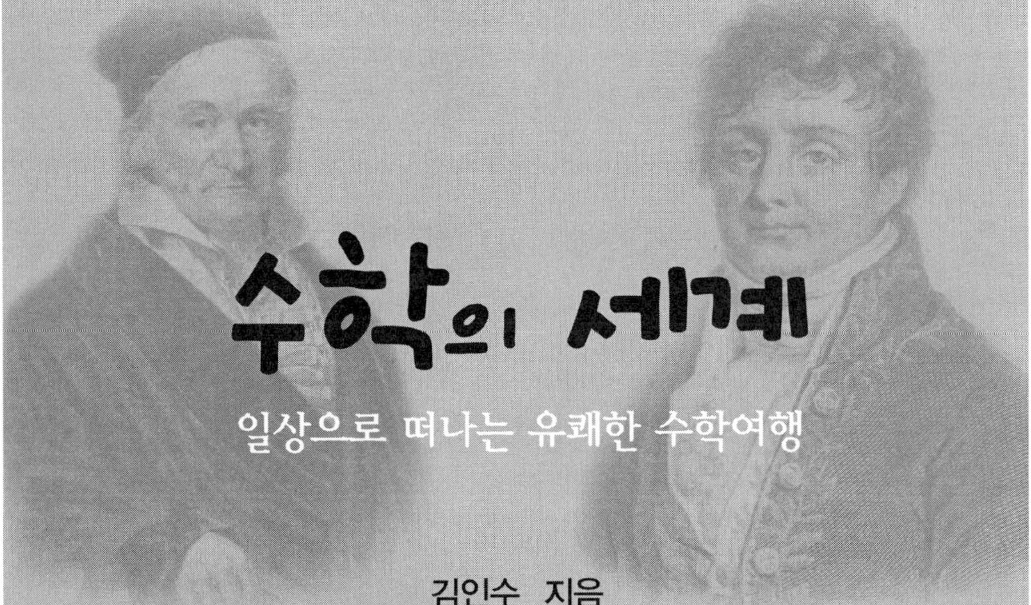

수학의 세계

일상으로 떠나는 유쾌한 수학여행

김인수 지음

북스힐

머리말

'수학이란 무엇이며 본질은 무엇인가' '수학에서의 최대 관심사는 무엇이며 어떻게 만들어지고 어디에 사용되는가' '그리고 다양한 인간 경험과 어떻게 조화를 이루는가' 등 수많은 문제들을 질문할 수 있다. 그러나 여기에 대한 답은 그리 쉽지 않다. 4500년의 긴 역사를 가진 수학이 다양하고 어려운 과정을 거쳐 모든 문화와 과학을 선도해 온 것만은 분명하다. 때문에 시대에 따라 수학의 관심과 주제는 다양하게 변하고 있다. 하지만 주체의 근원을 찾는 논리와 추론은 변하지 않고 있으며 모든 사람이 공통으로 사용하는 기호와 논리도 변하지 않고 있다.

많은 사람들은 수학이라고 하면 굉장히 어렵고 재미없는 학문이라고 생각한다. 우리의 교육현실에서 보면 이 말은 결코 틀린 말이라고 할 수 없다. 하지만 생각을 조금만 넓게 한다면, 수학이 어렵고 재미없는 학문은 아니다. 다시 말하면, 우리나라의 교육현실이 대학입시라는 틀에 끼워져 있기 때문에 좀더 자유로운 생각을 가지고 수학을 바라보는 데는 한계가 있다는 뜻이다. 실제로 용어나 공식을 외운다고 골치 아픈 수학 문제가 해결될 리 만무하기 때문에 좀더 자유로운 생각과 흥미 있는 수학의 발상과 이야기를 통해 수학의 공포에서 해방되기를 바라는 마음으로 글을 쓰기 시작했다. 실제로, 필자는 2000년 세계 수학 올림피아드(IMO)가 우리나라에서 처음으로 개최될 때, 수학의 대중화를 위해 뭔가 공헌하고 싶은 생각으로 '수학 이야기'라는 제목으로 매주 금요일 국내 일간지에 글을 쓰기 시작했다. 그리고 고집스럽게 그 일은 지금까지도 계속되고 있다.

우리는 일상생활에서 여러 가지 수학적인 개념을 쉽게 접하지만 그 대상이 수학이기 때문에 사람들은 알아보기도 전에 기피부터 하게 된다. 그래서 이 책은 수학을 일반인의 눈높이에 맞춰 여러 가지 개념을 이해하기 쉽고, 독자들의 호기심을 부추겨 수학에 흥미를 가질 수 있도록 숨겨진 진실과 재미있는 수학적 사실을 쓰려고 노력했다. 금번에 저술한 《수학의 세계》는 일반교양을 추구하는 사람들과 수학을 전공하지 않는 대학생들, 수학을 난해하고 딱딱한 내용이라고 생각하는 사람들을 대상으로 저술했다.

그동안 대학에서 수학을 강의하면서 이해하기 쉽고 접근하기 용이한 수준의 수학이 필요함을 절실히 느껴왔다. 영국의 〈가디언〉이라는 잡지에서 이와 같은 수준의 내용을 만들고 있는 것에 착안하여 평소에 일반인들의 수학에 관한 상식과 이해를 넓히기 위한 내용을 서술하려고 노력했고 2007년 1월에 《신문에서 읽은 수학이야기》라는 책을 출간했다.

이 책은 만드는 데 수고를 아끼지 않은 제자 임선엽 군과 또 아낌없는 성원과 후원을 해주신 출판사 직원 여러분께도 감사드린다.

CONTENTS | 차 례

Chapter 03 무한 이론

Chapter

04 소수와 그래프이론

Chapter

05 위대한 수학자들

Chapter
06 수학의 응용과 수학의 흐름

01
흥미 있는 수들

1.1 영(Zero)이란?

21세기의 화두는 창의성이다. 모방만으로는 모든 형태의 경쟁에서 이길 수 없기 때문이다. 철학과 함께 출발한 수학은 다른 과학과 동떨어진 채 홀로서기만을 고집하는 더 이상 은둔의 과학이 아니다. 왜냐하면 수학은 인류의 과학기술 발전과 함께 했기 때문이다. 최근 컴퓨터 연산법칙인 알고리즘은 아라비아 계산법에서 나온 수학을 기초로 하고 있다. 그 속에서 영(zero)의 역할은 엄청 크다.

이 단원에서는 제로처럼 '없다'는 뜻을 가진 무(無)를 해부해 보기로 하자. 무가 적어도 상형문자에서 출발한 한자라면 어떤 의미를 지니고 있지 않을까? 다시 말해서 무라는 글자는 무엇을 형상화해서 만들어진 글자일까? 예를 들어 우리는 '날'을 뜻하는 일(日)이 해의 모습을 형상화한 것이며 월(月) 또한 달의 모습에서 나왔다는 것 정도는 다 알고 있다. 여기에서 조금 더 진보해서 우(雨)가 비 내리는 모습에서, 그리고 마음 심(心)이 사람 심장의 모습을 따서 만들어낸 글자라는 것도 알고 있다. 물론 한자가 뜻글자로 일종의 상형문자가 진보한 것이라고 하지만 모두가 형상만을 나타내는 것은 아니다. 모든 글자가 모습을 따서 만들어낸 것이 아니라는 것이다. 더 이상의 이야기는 전문가에게 맡기고 제로의 비밀을 캐기 위한 첫 관문으로 들어가 보자.

《한자의 재발견》을 쓴 이재황 고전문화연구가에 따르면 무(無)라는 글자는 원래 무당이 양손에 무구(巫具)를 들고 춤을 추는 모습을 형상화한 글자라고 한다. 그의 지적대로 지금의 무(無)의 모자(母字)로 가장 오래된 글자꼴인 갑골문자(은나라 때 거북의 등딱지에 새긴 상형문자로 주로 점복을 기록하는 데에 사용)를 자세히 살펴보면, 가운데 사람이 팔을 벌리고 있고 그 팔에 무엇인가 걸려 있는 모습이다. 지금의 무는 참으로 짜임새도 있고 잘 생겼다. 그러나 갑골문자 무를 보면 엉성하기 짝이 없다. 여전히 그림인지 글자인지 분간하기 어렵지만, 글자에서 균형과 조화를 느낄 수 있다.

그러면 이런 질문이 가능하다. "왜 없다는 뜻의 무(無)라는 글자가 하필이면 무당이 무구를 들고 춤을 추는 모습에서 나왔는가?" 하고 말이다. 무와 무당의 춤은 무슨 상관관계가 있는 것일까? 제로를 상징하는 무가 한자문화권에서 춤추는 무당을 의미한다는 사실은 상당히 신선한 충격이자 새로운 발견이다. 어떻게 제로가 춤추는 무당과 같을 수 있겠는가? 이런 결론을 내려 보면 어떨까? 무당(shaman)은 신의 대리인이다. 그가 무구를 갖고 춤을 출 때 그는 신과 대화한다. 신은 불생불멸의 영원을 상징한다. 그렇다면 앞서 밝힌 대로 제로의 무가 영원으로 이어졌듯이, 옛날 한자를 만들어낸 청동기를 넘어 신석기 시대의 사람들의 마음속에도 이와 같은 비슷한 개념이 살아 있었던 것은 아닐까? 무당을 너무 높게 평가한다고 지적할지 모른다. 그러나 우리가 4천 년, 5천 년 전으로 돌아간다면 무당은 전혀 지금과는 거리가 먼 개념이다. 영은 단순히 그저 '없다(nothing)'이다. 그러나 수학에서 절대적으로 필요한 수 제로가 탄생하기까지에는 숱한 세월과 과정이 필요했다. 고고학적 발견처럼 제로의 DNA를 찾는 일이 결코 쉬운 일이 아니다. 제로는 수학에서 중요한 족보 가운데 하나다. 수에는 3가지가 있다. 양수(positive number), 음수(negative number), 그리고 제로다. 숱하게 많은 양수들과 음수들 가운데에 홀로 우뚝 서서 수들을 저울질하고, 조정하고 통제하는 것이 제로다. 얼마나 대단한 파워를 가진 수인가? 엄청난 권력자가 바로 제로다.

"클레오파트라의 코가 조그만 더 낮았다면 세계 역사가 바뀌었을 것"이라고 언급한 것은 수학자 파스칼이다. 기억해야 할 것은 이것이 결코 문학적인 수사가 아니라는 것이다. 파스칼이 셰익스피어처럼 역사 속의 최고 미인 클레오파트라에 대한 낭만과 로맨스를 문학적으로 표현한 것이 아니다. 그는 여자의 아름다움과 자존심을 상징하는 클레오파트라의 코와 세계 정치의 변화를 하나의 수학적 도식이나 공식으로 표현하고 싶었다. 아마도 그는 이미 클레오파트라의 코라는 날갯짓이 정치에 미치는 영향을 수학적으로 계산해보기 위해 오늘날과 같은 나비효과를 마음속에 그렸는지도 모른다. 적어도 '과거의 역사적인 내용을 지금 우리가 처한 현실과 연결시키는 일'은 창의적인 시도임이 틀림없다. 비록 무리가 따른다고 해도 말이다.

1.2 두뇌와 수학

우리가 지닌 수학 능력은 모두 다 학습과 교육을 통해 배운 건 아니다. 선천적으로 타고난 것도 있다. 가령, 사람들로 붐비는 마트에서 쇼핑을 마치고 계산하려고 줄을 선다고 치자. 이때 우리는 쭉 늘어선 계산대 가운데 사람이 가장 적게 서 있는 곳을 순식간에 파악하고 쇼핑카트를 그쪽으로

몰아간다. 이런 어림짐작이나 가늠은 우리가 학교에서 배우는 수학 능력이 아니다. 태어날 때부터 선천적으로 갖고 있는 능력이다. 이 같은 선천적인 수학 능력을 어림짐작을 통한 '수리 감각'이라고 한다. 우리는 이 선천적인 수리 감각을 이용해 여러 접시들 중 어느 접시에 쿠키가 가장 많이 담겨 있는지를 알 수 있다.

과학자들의 연구에 의하면, 이 같은 어림짐작이나 가늠은 4개월 된 아기에게서도 구사된다고 한다. 사람뿐만 아니라 일부 동물도 이런 능력을 갖고 있다. 과학자들은 사람과 동물이 선천적인 수학 능력을 갖게 된 것은 수백만 년쯤 되었다고 추정하고 있다. 인간과 동물이 자연에서 먹을거리를 얻기 위해 수렵채집 생활을 하는 데 어림짐작이나 가늠은 냉혹한 생존 경쟁에서 필수적이었던 것이다. 새들이 열매가 가장 많이 달린 나무를 찾을 수 있는 것도 개코원숭이 두 마리가 여섯 마리의 무리와 싸우기보다 피하는 게 낫다는 걸 아는 것도 다 선천적인 수리 능력 덕분이다. 그래서 과학자들은 필수적인 생존 수단이었던 만큼 선천적인 수리 감각은 누구나 비슷비슷한 수준을 가질 것이라고 생각해왔다. 또한 원시적인 수리 감각이 학교에서 우리가 보이는 수학 능력과는 무관하다고 여겼다. 학교에서 우리가 푸는 수학 문제는 어림짐작을 통해 애매한 답을 얻는 게 아니라 특정 숫자나 기호를 이용해 정확하게 답을 내게 되어 있다.

우리는 복잡한 수학 문제를 풀기 위해 아주 오랜 시간 동안 노력을 기울인다. 즉 수학 문제는 단박에 어림짐작할 수 있는 게 아니다. 인간이 이런 고난이도의 수학 능력을 갖게 된 건 고작 수천 년 정도밖에 되지 않았다. 그것도 문명에 따라 차이가 있지만 말이다. 그러니 인간만이 구사하는 복잡한 숫자 놀이와 계산은 원시적인 수리 감각과 무관해 보였던 것이다.

그런데 이런 과학적 신화를 단박에 깨뜨리는 연구 결과가 〈네이처〉지에 발표되었다. 즉각적으로 어림짐작하는 원시적이고 선천적인 수리 감각이 사람마다 꽤 차이가 날 뿐 아니라 우리의 수학 점수와 매우 밀접한 관계가 있다는 것이다.

미국 존스홉킨스 대학교의 심리학자 저스틴 할베다 교수는 14살 학생 64명을 대상으로 선천적인 수리 능력을 평가했다. 아주 짧은 시간 동안 화면으로 노란색과 파란색의 점들을 학생들에게 보여주고 어느 색깔의 점이 더 많은지 물었다. 이때 점의 숫자는 10~32개 정도였고 점의 크기는 다양했다. 먼저 할베다 교수 연구팀은 학생들의 성적이 꽤 넓게 분포한다는 걸 발견했다. 예상했듯이 노란색 점과 파란색 점의 개수 비율이 1:1에 가까워질수록 학생들의 성적은 점점 떨어졌다. 하지만 잘하는 학생의 경우 두 가지 색깔의 점이 거의 개수가 같을 때도 답을 잘 맞혔다. 반면 어떤 학생들은 개수가 확연하게 차이가 나는데도 가늠 하는 데 애를 먹었다. 가장 성적이 나쁜 학생의 경우 점의 개수 비율이 3:4 정도로 차이가 큰 데도 답을 잘 맞추지 못했다. 그런데 할베다 교수의 연구가 가져다준 결과는 이게 전부가 아니었다. 할베다 교수는 참가 학생들의 유치원 때부터의 수학 성적과 시험 결과를 비교했다. 그 결과, 놀라운 사실이 밝혀졌다. 할베다 교수는 당시의 놀라움을 "유치원 때까지 거슬러 올라가도 둘 사이에 상관관계가 있는 걸 확인하곤 의자에서 벌떡 뛸 뻔했다."고 표현했다. 할베다 교수는 학생들의 IQ와 기억력 등의 요인을 제거한 다음에도 선천적인 수리 감각과 수학 성적 간에 밀접한 관계가 나타난다는 것을 확인했다. 그렇다면 자신의 수학 점수가 낮은 건 뒤떨어지는 선천적인 수리 감각 탓일까? 아니면 선천적인 수리 감각을 가지면 높은 수학 점수를 받게 된다는 걸까? 아직 그 답은 분명치 않다.

할베다 교수는 실험 참가자의 숫자를 늘려 다시 한 번 더 결과를 확인했다. 이때 간단한 계산도 힘들어하는 산수 장애를 가진 학생들도 포함시켰다. 그렇다면 산수 장애의 원인은 선천적인 수리 감각에 있었던 걸까? IQ도 정상이고 다른 과목에서 점수도 좋은데 유독 수학만 못하는 산수 장애인 사람은 학습과 교육으로 장애를 극복할 수는 없는 걸까? 아직도 이 문제는 끝나지 않았다.

1.3 숫자 디자인

정수의 재미있는 성질에 대해 설명해보자. 재미있는 구구단 이야기다.

왜 99단인가? 그렇다면 2단은 22단 3단은 33단으로 해야 맞지 않을까? 99단은 귀족들이 독점했던 지식이어서 일반 서민들이 쉽게 따라하지 못하도록 구구 팔십일, 구팔 칠십이 등으로 시작했다고 한다. 이것이 결국 오늘날의 구구법이 되었다고 한다. 거꾸로 외우면 자기들도 힘들었을 텐데 말이다.

오늘은 15,873이라는 평범한 숫자를 가지고 숫자 놀이를 해보자. 15,873에 각각 1배, 2배, ... 를 곱한 수에 7을 곱해보면 다음과 같은 수가 나온다.

$15,873\times1\times7=111,111$

$15,873\times2\times7=222,222$

$15,873\times3\times7=333,333$

$15,873\times4\times7=444,444$

$15,873\times5\times7=555,555$

$15,873\times6\times7=666,666$

$15,873\times7\times7=777,777$

$15,873\times8\times7=888,888$

$15,873\times9\times7=999,999$

가 된다. 숫자 디자인에 대해 좀더 알아보자.

$$1=1\times1$$
$$1+2+1=2\times2$$
$$1+2+3+2+1=3\times3$$
$$1+2+3+4+3+2+1=4\times4$$
$$1+2+3+4+5+4+3+2+1=5\times5$$
$$1+2+3+4+5+6+5+4+3+2+1=6\times6$$
$$1+2+3+4+5+6+7+6+5+4+3+2+1=7\times7$$
$$1+2+3+4+5+6+7+8+7+6+5+4+3+2+1=8\times8$$
$$1+2+3+4+5+6+7+8+9+8+7+6+5+4+3+2+1=9\times9$$

됨을 알 수 있다. 또한,

$$1\times1=1$$
$$11\times11=121$$
$$111\times111=12321$$
$$1111\times1111=1234321$$
$$11111\times11111=123454321$$
$$111111\times111111=12345654321$$
$$1111111\times1111111=1234567654321$$
$$11111111\times11111111=123456787654321$$
$$111111111\times111111111=12345678987654321$$

이 된다. 그 외에도 0에서 시작해서 123456789까지 9를 곱한 후 각항에 1부터 9까지를 더하면 그 수는 각항이 1로만 구성된 숫자가 나오며 $12345678\times9+9=111111111$이 된다.

$9\times9+7=88$이 되고 다음에는 $98\times9+6=888$... 마지막 항은 $98765432\times9+0=888888888$

이 된다.

여러분들도 다양하고 아름다운 숫자 디자인을 만들어 보기 바란다.

1.4 정수이야기

수에는 정말 재미있는 특성이 있다. 우리는 보통 자연수의 집합을 N, 정수의 집합은 Z, 유리수의 집합은 Q, 실수의 집합은 R, 복소수의 집합은 C로 표시한다. 그 이유는 자연수를 영어로 Natural number, 실수는 Real number, 복소수는 Complex number, 유리수는 Rational number라고 하기 때문이다. 그러나 실수의 R과 혼동이 우려됨으로 유리수는 나누어지는 수라는 의미로 Quotient number라고도 하며 유리수의 집합을 Q로 표시한다. 그런데 정수는 Integer 또는 Integral number라고 한다. 그렇다면 정수는 I로 표시해야 할 텐데 수 집합 중에서 정수는 유일하게 독일어로 수를 뜻하는 Zahl의 첫 글자인 Z를 사용한다.

일반적으로 수론은 정수론을 말하는데 수론의 발전은 암호학을 비롯한 현대과학에 큰 공헌을 하고 있다.

정수를 이용해 여러 가지 재미있는 숫자의 배경을 감상해 보면서 그 신비한 세상에 빠져 들어가 보자. 먼저 1부터 9까지 차례대로 나열하여 적당한 위치에 +와 -를 넣어 그 계산 결과가 항상 100이 되게 만들어보자.

123-45-67+89, 123+45-67+8-9, 123-4-5-6-7+8-9

123+4-5+67-89, 12+3-4+5+67+8+9, 12-3-4+5-6+7+89

12+3+4+5-6-7+89, 1+23-4+5+6+78-9, 1+2+34-5+67-8+9

1+2+3-4+5+6+78+9, 1+23-4+56+7+8+9, -1+2-3+4+5+6+78+9

등을 계산해 보면 그 합이 모두 100이 되는 것을 알 수 있다. 잘 살펴보면 모두가 정수 1부터 9까지만 사용했고, 그 순서는 유지되고 있다. 독자 여러분도 위에서 보여준 12가지 외에 다른 방법들을 찾아보기 바란다.

지금부터는 9부터 1까지 차례대로 나열한 다음, 위와 같은 방법으로 100이 되도록 배열해 보려고 한다.

98-7-6+5+4+3+2+1, 98-7-6-5-4+3+21, 98-76+54+3+21
98-7+6+5+4-3-2-1, 98-7+6+5-4+3-2+1, 98-7+6-5+4+3+2-1
98+7-6-5+4+3-2+1, 98+7-6+5-4-3+2+1,
98+7-6+5-4+3-2-1, 98+7+6-5-4-3+2-1, 9+8+76+5-4+3+2+1
9-8+76+54-32+1, 9-8+7+65-4+32-1,
9-8+76-5+4+3+21, -9+8+76+5-4+3+21, -9+8+7+65-4+32+1

등을 계산해 보면 그 수의 합이 모두 100이 된다. 이런 방법으로 그 합이 99가 되거나 또는 어느 일정한 값 k가 되도록 알고리즘을 만드는 이론이 독일을 중심으로 발전했다.

이제 구구법을 생각해보자. 구구법 중에 구단의 배열인 9,18,27,36,45, 54,63,72,81을 살펴보면,

첫(1자리) 자릿수는 9,8,7,6,5,4,3,2,1로 배열되어 있음을 알 수 있다. 그리고 둘째(10자리) 자릿수는

1,2,3,4,5,6,7,8이 되는 것을 알 수 있다. 그리고 각 자릿수를 합하면 언제나 9자리 숫자가 나온다. 또한,

123456789×9=111111111, 123456789×18=222222222
123456789×27=333333333, 123456789×36=444444444

$123456789 \times 45 = 555555555$, $123456789 \times 54 = 666666666$

$123456789 \times 63 = 777777777$, $123456789 \times 72 = 888888888$

$123456789 \times 81 = 999999999$

이 됨을 알 수 있다.

1.5 허 수

우리가 실생활에서 쓰고 있는 실수의 특징은 같은 수를 두 번 곱하면 0보다 크거나 같은 양수가 된다. 그런데 제곱해서 음수가 되는 수를 우리는 가상의 수인 허수라고 부른다. 그리고 실수와 허수를 합해 복소수라고 부른다. 2차방정식 $x^2+1=0$ 이라는 방정식의 해는 무엇인가? 즉, 같은 수를 두 번 곱해서 -1이 돼야 방정식이 성립되는데 실수에서는 그런 수가 존재하지 않는다.

사람들은 정사각형의 면적이 4가 될 때 한 변의 길이는 2가 된다는 것을 쉽게 알 수 있지만 면적이 2가 되는 정사각형의 한 변의 길이는 무리수인 $\sqrt{2}$ 가 되어 비순환 무한소수임을 알 수 있다. 그런데 만일 정사각형의 면적이 -4가 된다면(실제로는 불가능한 이야기지만) 한 변의 길이는 얼마일까? 우선 면적이 -4라는 말은 어불성설이다. 만일 제곱해서 -4가 되는 수가 있다면 그런 수는 상상의 수일 것이다. 사람들은 이런 가상의 수를 왜 쓰는가? 라고 질문할 수도 있는데 수학을 연구하다 보면 이런 허수야말로 가장 완벽하고 사용하기 편리한 수이고 허수는 실수의 그림자와 같은 여러 가지로 불변한 수라는 것을 알게 된다. 그래서 오늘날 허수는 수학뿐만 아니라 자연과학과 특히 공학 등 여러 분야에서 널리 쓰이고 있다.

수학자들의 농담을 빌자면 복소수 공간은 남성과 여성으로 된 양성이 있는 공간이고 실수 공간은 한 가지 성(sex)이 있는 공간이므로 어느 쪽이 재미있는지는 복소수를 가지고 수학을 공부해 본 사람만이 안다고 한다. 19세기 이전까지만 해도 기하학의 주된 연구 대상이었던 유클리드 공간은 실수에 기초한 기하학인데 복소기하학이란 간단히 말해서 실수와 허수의 짝으로 이루어진 복소수에 기초를 둔 기하학이다. 무엇보다 복소기하학을 연구하는 중요한 이유는 복소기하학을 통해 한 가지 수학적인 연구 대상에서 얻어진 결과가 전혀 상관이 없을 법한 다른 수학적 대상에서 제기된 문제를 해결하는 데 이용된다는 사실이다. 겉보기에는 기하학과 무관해 보이는 문제도 그 문제의 해결을 위해 복소기하학이 쓰이는 경우가 많다는 것이다. 예를 들면 지난 1990년대에 350년 만에 해결된 그 유명한 페르마의 마지막 문제를 들 수 있다. 문제 자체는 자연수의 성질에 대한 것이지만 해결 과정에서는 타원곡선이라는 복소기하학에서 나온 중요한 개념을 이용해 해결된 것이다.

아무리 그렇다 하더라도 이런 타원공간은 인위적으로 꾸며낸 것이 아니냐고 반문하는 사람도 있다. 하지만 최근 들어 물리학에서는 복소수에 기초한 공간이 우주를 구성하는 중요한 부분을 차지하고 있다는 것이 발견되었다. 오늘날 수학과 물리학이 가장 활발하게 교류하고 있는 통로는 다름 아닌 복소기하학이라고 말할 수 있다.

복소수를 이용한 복소다양체론이나 여기에 관계를 도입해 만든 사영기하학 등은 첨단 고등수학에서 빼놓을 수 없는 중요한 분야이고 이러한 이론을 좌표 평면상에 만들어 세운 변환 이론은 새로운 수학을 만드는 중요한 분야다. 임의의 유리함수 적분은 로그와 역삼각함수만 써서 구할 수 있지만 무리함수의 적분은 다른 많은 매우 복잡한 함수들을 써야 한다. 리만은 각 무리함수마다 리만 면이라 불리는 어떤 곡면을 대응시켜서, 무리함수의 적분 문제를 이 곡면의 복소수 구조의 기하학 문제로 바꾼 후, 이 기하학을 이용하여 무리함수의 적분에 관한 많은 문제를 해결했다. 이와 같이 복소수 구조의 공간을 연구하는 것이 복소기하학이다. 리만은 대수기하학,

대수적 정수론 및 복소해석학이 리만 면이란 개념을 통해 연결될 수 있음을 증명하였고, 이와 같이 복소기하학은 수학을 하나의 통일된 유기적 구조로 연구하는 데 큰 역할을 하고 있다. 또한 최근 이론물리학의 트위스터 이론이나 끈 이론에서 우주를 구성하는 요소로 복소수 공간을 제시하면서, 이론물리학과 복소수기하학의 많은 부분이 하나로 연결되고 있음이 밝혀졌다.

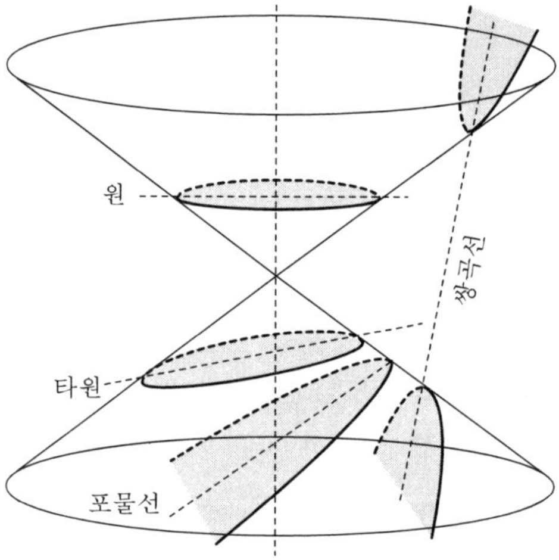

원추곡선의 타원 & 쌍곡선

1.6 태양력과 수

태양력은 365.242190일을 1년의 길이로 한 태양년(회귀년)을 기준으로 하므로 계절과 잘 일치된다. 현행의 태양력의 시초는 B.C. 46년부터 사용한 율리우스력이며 1년의 길이는 365.25일이다. 그러나 실제의 태양년과 차이가 생겨 1582년부터는 새로운 치윤법으로 윤년을 두어 그 차이를 보정한 그레고리력을 채택해 현재에 이르고 있다. 율리우스 시저는 알렉산드리아의 천문학자 소시제네스의 충고에 따라 로마력을 개정했는데, 평년을 365일로 하고 4년에 1회씩 윤년을 두어 366일로 정했다. 이것이 B.C. 46년 1월 1일 실시된 태양력의 시초인 율리우스력이다.

당시 1, 3, 5, 7, 9, 11월은 31일, 나머지 달은 30일로 하고, 2월은 평년 29일, 윤년 30일이었다. 그러나 율리우스 시저의 생질 아우구스투스 시저가 황제로 등극하면서, 율리우스의 달인 July(7월)보다 자기 달인 Augustus(8월)가 작아 이를 31일까지로 고치고, 9월과 11월은 30일, 10월과 12월은 31일로 하고, 2월은 평년 28일, 윤년 29일로 만들었다. 지금 사용하는 달의 크기는 이와 같이 정해진 것이다. 율리우스력의 평균 1년은 365.25일이므로 실제의 태양년과는 대체로 매년 365.25일 - 365.2422일 = 0.0078일 = 11분 14초의 차가 나고 128년이 지나면 1일의 차가 생긴다. 따라서 실제의 날짜와 계산에 의한 날짜가 점점 달라지게 된다. 그 예로 325년의 콘스탄티누스 대제 때의 니케아 회의는 춘분 날이 3월 21일이었는데, 1582년 로마 교황 그레고리 13세의 시대에는 춘분점이 3월 11일이 되었다. 그래서 그해에 독일의 수학자 크리스토퍼 클라비우스(Christoph Clavius, 1537~1612)의 자문과 도움을 받아 교황 그레고리 13세는 새로운 역법인 그레고리력을 시행한다. 1582년 그레고리 13세는 그 해의 춘분점을 3월 21일로 고정시키기 위해 역면에서 10일을 끊어버리고, 10월 4일 다음날을 10월 15일로 하고, 다음과 같이 율리우스력을 개정했다. 서력기원 연수가 100으로 나누어지지 않고 4로 나누어지는 해 96회와 100으로 나누어지고 400으로 나누어지는 해 1회를 합해 400년간에 97회의 윤년을 두도록 하여, 400년간 1년의 평균 길이는 365.2425일이 되었다. 태양년과의 차이는 대체로 365.2425 - 365.2422 = 0.0003일 = 26초가 되어 3300년 후에는 1일의 차가 생긴다. 현재는 그레고리력과 태양년을 보다 잘 일치시키기 위해 원래의 그레고리력에서는 윤년인 4000년, 8000년, 12000년 등은 평년으로 하기로 정했다.

이와 같은 역법의 교정에는 수학적 지식이 필요했다. 그레고리력이 계절과 일치함을 유지하기 위해서는 매 세기의 첫해는 400으로 나누어떨어지는 경우에만 윤년으로 정했다. 그래서 1600년은 윤년이지만, 1700년은 윤년이 아닌 것이다. 또한 교황 그레고리는 1582년에 10일을 줄이도록 명령했다. 그래서 사람들은 1582년 10월 5일에 잠자리에 들어서 1582년 10월 15일 아침을 맞았다. 지구상의 일부 지역에서 사실상 10일이 사라졌던 것이다.

오늘날에도 모든 사람들이 같은 역법을 사용하는 것은 아니다. 동방 정교회의 몇 분파에서는 기념일을 정할 때 그레고리력과 무려 13일이나 오차가 있는 율리우스력을 아직도 사용하고 있다. 또한 유대교 역법은 그들이 천지창조가 이루어졌다고 믿는 해를 기준년도로 삼고 있는데, 옛 학자들 중 일부는 그때가 기원전 3761년이라고 주장한다. 반면에 그레고리력은 예수께서 탄생했을 것이라 추측되는 해를 기준년도로 삼기 때문에 올해가 2011년이지만 유대교 역법으로는 천지창조에서부터 5772년이다. 또한 히즈라라고 하는 이슬람 역법은 이슬람교가 탄생한 622년을 기준년도로 삼고 있다. 히즈라 역법은 1년을 354일로 계산하고 있다. 중국에서도 고육력, 전옥력, 태초력, 삼통력, 사분력, 건상력, 경초력, 대명력, 황국력, 대업력, 인덕력, 태연력, 오기력, 숭현력, 숭정력, 기원력 등 수많은 역법들이 만들어 졌고, 우리나라에서는 세종 때 처음으로 칠정산 내편과 외편이라는 역법을 채용했다.

1.7 큰 수

우리들이 알고 사용하는 수는 18세기를 기준으로 많은 변화가 있었다. 일과 십, 백, 천, 만까지는 일상적으로 통용되는 수이지만, 억이라는 단위부터는 10의 8제곱이 되고 조는 10의 12제곱이 된다. 조라는 단위는 국가 예산이나 대기업에서 주로 사용되지만, 좀더 큰 규모의 예산이 되면 경이라는 10의 16제곱이 사용될 날도 멀지 않을 것 같다. 그러나 우주공간을 계산하는 천문학적인 수라면, 10의 20제곱인 해, 10의 24제곱인 자, 양이라는

10의 28제곱도 사용될 수 있을 것이다. 그리고 심오한 종교의 세계에 들어가면, 구라는 10의 32제곱, 간이라는 10의 36제곱, 정이라는 10의 40제곱이 사용되며, 특히 불교의 세계에서는 10의 44제곱인 재, 10의 48제곱인 극, 10의 52제곱인 항아사, 10의 56제곱인 아승기, 10의 60제곱인 나유타, 10의 64제곱인 불가사의, 10의 68제곱인 무량수를 사용한다.

18세기 이전에도 이런 명칭은 있었으나, 조부터 10의 8제곱씩 늘어나 무량수는 1에 0을 무려 128개를 붙인 10의 128제곱수가 되었다. 반면에 작은 수도 소수 한자리를 분, 소수 이하 두 자릿수는 리, 다음은 호, 사, 홀, 미, 섬, 사, 진, 애, 묘, 막 순서이고 다음 수인 모호는 소수점 이하 13자릿수를 의미한다. 그리고 다음으로 준순, 수유, 순식, 탄지, 찰라, 육덕, 허공, 청정까지가 있다. 우리가 잘 사용하는 말인 순식간이라는 순식은 소수 이하 16자릿수를 말하며, 찰라는 소수 이하 18자릿수, 허공은 소수 이하 20자릿수, 청정은 소수 이하 21자릿수를 말한다. 물론 18세기 이전에는 청정이 없는 대신 정이라는 소수 이하 128자리까지 큰 수와 같은 수가 대칭적으로 있었다. 하지만, 실용주의 사상이 들어온 18세기 이후 이렇게 큰 수나 작은 수는 실질적인 의미가 없다는 생각으로 많이 축소되어 버렸다.

이렇게 엄청나게 크거나 작은 수를 실제로 계산하는 방법이 있는가? 또 이런 계산이 우리 생활에 실제로 응용되는가? 그 답은 모두 '그렇다' 이다. 수학자들은 이런 엄청난 큰 수를 쉽게 계산하는 방법을 찾기 위해 고심했고, 큰 수나 작은 수를 계산하기 위한 방법으로 로그 계산법이 고안되었다. 17세기는 수학사에서 가장 빛나는 시기였다. 17세기 초 존 네이피어(John Napier, 1550~1617)라는 수학자가 로그를 고안해 발표했고, 비에트의 지수 표기법을 개선한 해리엇과 오트레드는 대소의 기호화와 체계화에 기여했으며, 갈릴레이는 이 로그를 응용하여 역학의 기초를 세웠다. 또한 케플러는 행성의 운동 법칙을 발표했다. 17세기 후반에 데자르그와 파스칼은 순수 기하학의 새로운 장을 열었고, 직각 좌표계를 창안한 데카르트는 해석 기하학을 창시했으며, 페르마의 마지막 정리로 유명한 페르마는 현대 정수론의 기초를 확립했다. 호이겐스는 확률론 등의 분야에서 두드러진 업적을 남겼다. 17세기 말에는 뉴턴과 라이프니츠가 이전의 많은 수학자들이 세운 기초 이론 위에서 하나의 신기원을 이루는 창조물인 미적분학을 창시하여 근대 해석학을 열었다. 이와 같이 수학 연구의 새롭고 다양한 분야들이 17세기부터 시작되었다.

로그의 개념은 슈티펠의 책에서 처음 시작되어 스코틀랜드의 수학자 네이피어에 의해서 본격적으로 연구되었다. 그는 1614년 '경이적인 로그 법칙의 기술'에서 처음으로 로그 계산법에 관해 설명했다. 오늘날 수학에서 사용되는 로그와 진수라는 낱말은 바로 네이피어가 만들어 낸 용어다. 그러나 실제로 셈으로 이용할 수 있는 로그표는 10을 밑으로 하는 상용로그를 고안한 브리그스에 의해 만들어졌다.

1.8 재미있는 숫자

현대인들의 성공에 대한 갈망은 그 어느 때보다 크다. 부와 권세, 명예에 대한 욕구는 상상을 초월한다. 전화번호 숫자를 봐도 성공에 대한 사람들의 염원이 어느 정도인가를 알 수 있다. 뒷자리 숫자를 자세히 보면 업종을 알 수 있고, 그 사람의 인생관도 알 수 있다.

보통 병원의 뒷자리 숫자는 병의 치료를 생각나게 하는 7575, 택배 서비스는 빨리빨리 한다는 의미로 8282, 장례식장은 죽음을 상징하는 수인

4444, 이삿짐센터는 말 그대로 2424, 세탁소는 빨고 삶는다는 뜻으로 8939, 치킨집은 통닭구이를 연상하는 9292, 치과는 이를 치료하다고 해서 2875, 안경점은 안경 모양과 닮은 1001, 영어학원은 영어를 빨리한다고 0582, 부동산업체는 부동산을 거래한다고 해서 8949, 건설업체는 영차영차 하며 힘쓴다는 뜻으로 0404를 선호하고 있다. 교회도 예외는 아니다. 물론 세속적인 성공을 위한 것은 아니지만, 영혼과 육신을 구원하는 곳이라 하여 9191이나 0691을 전화번호 뒷자리로 애용한다. 이것만 보더라도 숫자가 단지 숫자가 아님을 알 수 있다. 그 숫자를 선택한 사람의 소망과 인생관이 거기에 담겨있는 것이다.

얼마 전 21명을 끔찍하게 살해하여 생각하기도 섬뜩한 희대의 살인마 유영철이란 사람이 있었다. 그런데 유영철의 전화번호와 휴대폰의 뒷자리 숫자는 욕과 같은 십팔 십팔 1818이었다고 한다. 보통 사람들이 가장 꺼리는 숫자 중 하나인데, 유영철은 전화번호 뿐 아니라 인터넷 아이디나 비밀번호도 모두 1818로 만들었다고 한다. 그는 어렸을 때부터 자신의 운명을 비관하고 저주했다. 유영철의 생일이 4월 18일인데, 그는 4자를 죽을 사(死)자와 연결시켰고, 18을 욕이라고 해석해서 자신의 인생은 태어날 때부터 좋지 않다고 생각했다. 거기다 자신의 불우한 환경까지 연결해서 늘 비관적으로 살았기 때문에 1818이란 숫자를 선택했다고 한다. 자신 스스로 1818 인생을 만든 것이다. 환경에 굴복하여 모든 것을 운명으로 돌리고 망가진 인생으로 살았던 것이다. 하나님께서는 이 세상과 인생을 섭리해 나가시지만 다른 한편으로 인간에게 자유의지를 주셨기에 인간은 자신의 삶을 보람 있고 건설적으로 살아야 한다. 모든 삶의 책임은 인간 자신에게 있다. 안타깝게도 우리 주위를 보면 열악한 환경을 탓하고 부모와 사회를 원망하며 1818과 같은 인생을 사는 어리석은 사람들이 많이 있다.

사람들은 우리나라를 세계 최강의 등반 강국이라고 말한다. 왜냐하면

8,848m의 에베레스트 최고봉을 비롯해 히말라야 14좌를 완등한 산악인을 3명이나 보유하고 있기 때문이다. 엄홍길, 박영석, 한왕용이 그들인데, 그들에겐 공통점이 하나 있다고 한다. 그들의 전화번호와 핸드폰의 뒷자리가 모두 8848이라는 것이다. 2m도 안 되는 인간이 8,848m의 에베레스트 산 앞에 서면 정말 초라하고 작아 보일 것이다. 그리고 8,848m의 에베레스트 산 정상은 정복할 수 없는 난공불락의 산처럼 보일 것이다. 그럼에도 8848인생들에게는 에베레스트 산은 결코 넘을 수 없는 벽이 아니었다. 1818인생의 특징이 원망과 불평, 비관과 절망이라면, 8848인생은 감사와 긍정, 도전과 비전이기 때문이다. 환경에 굴복하고 운명이라 체념하며 1818인생으로 살 것인지, 아니면 환경을 정복하고 운명을 개척하는 8848인생으로 살 것인지는 우리들 스스로에게 달려 있는 것이다.

요즘 흔히 쓰는 말 중에 '넘사벽'이라는 말이 있다. '넘을 수 없는 사차원의 벽'의 약자로 거의 불가능한 일을 말할 때 사용된다. 그러나 8848인생들에게는 불가능이란 없다. 실제로 8848을 도전하는 도전자들에게는 넘을 수 없는 벽은 세상 어디에도 없다. 그러므로 창공을 훨훨 날 수 있는 독수리와 같은 능력을 스스로 제한하며 울타리 안에 갇힌 암탉처럼 살지 말아야 한다. 환경이나 핸디캡이 우리의 길을 막는 것이 아니라 부정적인 생각과 잘못된 생각이 우리의 길을 막는다는 것을 기억해야 한다.

1.9 확 률

영국의 한 수학자가 결혼에 골인한 커플이 앞으로 얼마나 같이 살 수 있는지, 만약 이혼한다면 언제쯤 헤어지는지 예측할 수 있는 수학 공식을 개발해 화제가 되고 있다. 발표에 따르면 옥스퍼드 대학교의 제임스 머리(James D. Murray) 교수, 워싱턴 대학교 심리학과의 존 가트맨(John M. Gottman) 교수와 크리스틴 스완슨(Kristin R. Swanson) 교수는 갓 결혼한 신혼부부 700쌍을 대상으로 지난 12년간 실험한 결과, 94%의 적중률로 이혼 가능성을 예측할 수 있는 수학 공식을 개발했다는 것이다.

그의 연구팀의 연구 결과는 영국 왕립학회에서 발표된 바 있다. 원리는 의외로 간단하다. 머리 교수는 "남녀가 나누는 대화마다 숫자를 매겨 그들이 어떻게 상호작용하는지를 그래프로 만든다."고 설명했다. 이들 연구팀에 따르면 이혼 여부를 예측하는 가장 손쉬운 방법은 상대를 모욕할 때의 얼굴 표정으로 눈동자와 입꼬리의 특정한 움직임이 심하면 심할수록 결혼생활이 장기간 지속되기 힘들다고 설명했다. 아울러 건강한 부부관계를 지속하기 위한 방법으로 가장 간단하고 효과적인 것은 상대방의 악담에 귀를 기울이지 않는 것이라며 이 같은 습관을 가진 부부의 경우, 서로의 장점에 좀더 관심을 갖는 경우가 많았다고 밝혔다.

머리 교수는 "어떤 신혼부부들은 바로 이혼하는 게 낫다는 결과가 나오기도 한다."며 "커플들이 논쟁을 하면서 겪는 감정의 변화를 매우 간단하고 실질적으로 수치화할 수 있다는 점이 정말 놀라웠다."고 소견을 밝혔다. 그는 "상대방을 모욕하는 표현이 슬픔, 분노의 감정을 느끼는 것보다 관계에는 더 치명적이었다."고 지적했다. 머리 교수 연구팀은 실험에 참가한 부부들이 '돈'이나 '성(性)' 같은 논쟁의 여지가 큰 주제를 가지고 토론하는 장면을 약 15분간 녹화한 뒤 각자에게 주어진 순서에 따라 내놓은 발언을 가지고 수치화했다. 상대방의 의견을 존중하거나 농담이나 애정이 담긴 말이 나온다면 플러스(+) 점수를, 방어적이거나 분노에 찬 발언이 나온다면 마이너스(-) 점수를 줬다. 높게는 +4점에서 낮게는 -4점까지 숫자를 부여했다. 이를테면 상대방에게 멍청이라고 말하면 -4점을 주고 농담으로 상대방을 웃게 만들면 +2점을 주는 식이다.

그의 연구팀은 결과를 토대로 커플들이 향후 스트레스에 노출될 경우 얼마나 내성을 가지고 참고 있는지를 산정했다. 그는 실험을 마친 뒤 12년에 걸쳐 1~2년 간격을 두고 이들 부부에게 연락해 이혼 여부를 확인한 결과 실험 당시 공식에 따라 나온 예측 결과가 94% 가량 들어맞았다고 설명했다. 그는 "수학은 사람 사이의 상호작용을 통역할 수 있는 일종의 언어를 제공한다. 한 사람이 다른 사람에게 미치는 영향을 계량화하는 것은 어려운 것이 아니다."라고 말했다.

그 연구와 별도로 머리 교수는 영국 학술원의 유명한 베이커 강연(Bakerian Lecture)에 초정된 자리에서 "악성 뇌종양 역시 일반적으로 사람들이 생각하는 것보다 쉽게 미리 발견해 낼 수 있다."고 주장했다. 그는 뇌종양 수술을 받기 전 환자들을 대상으로 MRI를 이용해 실험한 결과, 뇌종양 제거 수술을 차라리 받지 않는 것이 나은 케이스를 발견했으며 이들의 생존기간 또한 예측할 수 있다고 밝혔다.

위의 이 문제를 해결하기 위해 대화나 대화 방법 등을 이용하여 조금이나마 이혼율을 낮출 수 있지만, 수학의 속성상 이러한 방법을 수치로 예측한다는 것 또한 예측하면 해결할 수 있을까? 사람의 감정을 수학적으로 나타내는 것이 어떤 의미가 있을까? 에 대한 해답은 앞으로도 연구되어야 할 과제라고 생각된다.

1.10 기독교와 수학

프랙털(fractal) 기하는 무한의 개념을 전제로하고 있다. 왜냐하면 프랙털 도형은 생싱자를 무한히 반복하여 얻어시기 때문이다. 이 때문에 우리는 무한을 눈으로 똑똑히 볼 수 있는 것이다. 프랙털은 무한을 기하학적으로 나타내어 다루는 새로운 무한수학의 탄생을 알려준 셈이다. 실제로 무한을 다루는 학문은 수학과 철학뿐이다. 왜냐하면 무한은 현실 속에는 없지만, 우리 마음속에는 있기 때문이다.

우선 우리는 프랙털의 문턱으로 들어서기 전에 무한의 개념이 수학에서 정식으로 다루어지기 시작한 19세기로 되돌아가 보자. 19세기 말에 독일의 수학자 게오르크 칸토어(Georg Cantor, 1845~1918)는 무한수학이라는 이른바 집합론을 만들었다. 이 당시 인간은 무한을 인간이 하나님의 영역으로만 여겼기 때문에 무한의 본질에 도전한다는 것은 하나님의 노여움을 사게 될지도 모르는 엄청난 지적 모험이었다. 그래서 수학자들은 수 세기 동안 조심스럽게 무한의 영역을 피해왔다. 하지만 수학은 근대 계몽주의와 주지주의의 발전으로 무한의 개념을 외면할 수 없었다.

논리와 이성을 신봉한 그리스인들은 유한의 울타리를 굳게 지켜왔고, 그래서 그들에게 있어서 '평행선은 어디까지 가도 만나지 않은 두 직선이다.'라고 설정했다. 그러나 만일, 인간이 유한의 경계를 뛰어넘을 수 있는 신의 능력을 갖는다면 유한의 울타리를 뛰어넘을 수 있겠지만, 인간은 유한의 존재이기에 갈 수 있는 범위는 결국 유한이다. 마찬가지로 1,2,3,... 과 같은 수는 아무리 셈을 해도 유한이지만, 이 유한수의 열을 단번에 뛰어 넘으면 오메가라는 무한수가 모습을 드러낸다.

예수 그리스도가 계시한 하나님은 성부·성자 및 성령의 세 위격을 가지며, 이 세 위격은 동일한 본질을 공유하고, 유일한 실체로서 존재한다는 교리다. 하나님 아버지인 유일신은 그의 독생자를 이 세상에 보내어 성령(보혜사)으로서 인류를 구원한다는 것이다. 이 교리는 325년 니케아공의회에서 교회의 정통신조로 공인되었으며, 451년 칼케돈공의회에서 추인됨으로써 그리스도교의 정식 교리로 확립되었다. 이 교리 문제로 엄청난 종교전쟁과

이단을 축출하기 위한 피의 역사가 있었으며 유명한 교부 어거스틴의 삼위일체 교리는 너무나도 유명하다. 그런데 아이러니하게도 이 교리가 수학자들의 논리에 의해서 설명되고 있다.

19세기 말에 등장한 집합론에 의한 수학적 이론은 기독교의 교리인 삼위일체의 신비를 명확하게 설명해 주고 있다. 집합론에서는 두 개의 집합 원소가 서로 일대일 대응이 될 때, 두 집합은 동일하다고 본다. 예를 들면, 자연수의 집합 1,2,3,4,5…와 짝수의 집합 2,4,6,8,10…은 동일하다고 본다. 우리는 두 집합의 원소 개수에 차이가 있다고 생각할 수 있지만, 자연수나 짝수 모두 무한하기 때문에 어떤 자연수에도 그 수를 두 배한 수가 존재한다. 때문에 두 집합의 원소의 개수도 같다고 할 수 있다. 물론 홀수의 집합 1,3,5,7,9…도 짝수의 집합과 동일하다. 왜냐하면 홀수의 집합은 짝수의 집합에서 하나를 빼면 되기 때문에 어떤 홀수라도 그에 대응되는 짝수가 존재하므로 두 집합은 동일하다. 따라서 홀수의 집합은 자연수의 집합과도 동일하다. 여기서 우리는 자연수의 집합이 성부 하나님, 짝수의 집합이 성자 하나님, 홀수의 집합이 성령 하나님을 나타낸다고 가정해 보면 세 집합이 서로 그 원소는 다르지만 동일한 집합인 것처럼 세 분 하나님도 그 위격은 다르지만 동일한 하나님이라는 주장이 옳다는 것을 알 수 있다. 이제 이 세 집합을 연합해 보면 자연수의 집합으로 하나가 된다. 즉, 하나님은 세 분이 아니라 한 분이다. 아들과 아버지와 성령은 각각 고유한 특성을 갖지만 혼합되지 않으시고 연합하여 한 분으로 존재하신다는 기독교의 신앙고백을 증명해 주는 집합론의 이론이다.

왜 이런 논리가 성립하는가? 그 해답은 집합 원소의 개수가 무한이듯 '하나님은 무한하시다.'라는 전제조건이 있기 때문이다.

02
복잡성 이론

2.1 카오스 이론

수학이란 도대체 어디에 쓸모가 있을까? 사람들은 수학을 그저 입학시험의 도구로 생각하고 입시가 끝나면 수학하고는 담을 쌓으며 산다. 그러나 실제로 우리는 태어나기 전부터 수학이란 도구에 갇혀 산다고 해도 과언이 아닐 것이다. 엄마 뱃속에 있을 때부터 태어나는 순간까지 몇 년, 몇 월, 며칠, 몇 시에 태어났다는 꼬리표가 붙는다. 그 이후에도 숫자들은 우리 곁을 떠나지 않는다.

그러나 학교에서 수학을 공부하면서부터 우리는 수학에 대해 또 다른 의문을 갖는다. '과연 수학은 실용적인가?' '이 어려운 것을 어디에 사용할 수 있는가?' 이렇게 출발한 의문은 결국 '수학이란 정말 자연과학인가?' '미분 적분을 배우면 생활하는 데 불편함이 덜어질까?' '세상을 떠들썩하게 하는 유명한 난제가 해결되면 우리 일상생활에 어떤 영향이 있으며 자연현상을 해명하는 데 어떻게 쓰일까?' '순수수학은 정말 의미가 없는 것일까?' 이렇듯 꼬리에 꼬리를 물고 계속 새로운 의문이 생기게 된다. 하지만 이러한 질문은 매우 가치가 있다. 과학의 발전과 인류 문명은 '왜?' 라는 말과 '어떻게?' 라는 부사에 의해서 발전되고 해명되며 이해되기 때문이다.

유명한 대수학의 한 분야인 군론도 당초에는 5차 대수방정식의 대수적 해법이 존재하지 않는 것을 보여주기 위해서 갈루아에 의해 도입된 가공의 개념이었다. 그러나 사실은 군론에 대한 아이디어는 자연계의 대칭 현상의 본질을 짐작해서 만들어진 것이었다. 그리고 현재에는 물리학에 있어서 군론적인 발상이 필수 불가결한 사고방식이 되어있다. 또 다른 예로 무한차원을 처음으로 도입한 힐베르트 공간에서도 이 개념이 자연계에 구체적인 모델을 가질 것이라고는 아무도 상상하지 못했다.

그러나 물리학에서 발견된 양자의 세계가 바로 힐베르트가 만든 수학적인 구조와 일치되는 것을 알게 되었다. 어쨌든, 수많은 수학자들은 자신들의 연구가 '과연 어떤 현상에 도움이 되는가?'에 대한 질문에 구체적인 대답을 하지 못했으며 그냥 '언젠가는 누군가에 의해서 쓰이겠지'라는 사고방식이었다. 실제로 타원의 방정식이 만들어진 것은 기원전이었지만 그것이 인공위성의 발사에 이용될지는 만들어진 당시에는 아무도 상상하지 못했을 것이리라.

그런데 현대에 와서 이런 생각이 여지없이 무너지고 있다. 무서운 속도로 급속히 발전하고 있는 과학으로 인해 순수수학과 응용수학의 경계가 무너지고 수학과 이웃의 자연과학, 공학간의 경계가 무너지는 추세이며 앞으로도 이와 같은 현상은 지속될 것이기 때문이다. 사실 그 계기는 1980년대 이후에 폭발적으로 발전한 카오스 이론과 프랙털 이론에 근거하고 있다. 이 개념들은 수학을 이용하여 자연 현상을 해명하려는 노력에서 탄생된 개념들이다. 그러나 이런 개념들이 처음부터 비약적인 발전이 있었던 것은 아니다. 컴퓨터의 출현으로 많은 양의 데이터를 쉽게 처리하게 되면서 비약적인 발전이 이루어졌다. 이와 더불어 역학계의 연구 분야의 발전이 카오스와 프랙털을 성장시키는 데 결정적인 역할을 했다.

2.2 카오스 현상

인간의 마음은 예나 지금이나 크게 변한 것이 없다. 예전에도 복잡한 물리적 현상을 규명하려는 시도는 끊임없이 있었다. 그것은 주로 비선형의 불규칙한 현상을 선형으로 근사시키기 위한 통계적 처리 기법들이었다. 그러나 이런 것들은 요철이 심한 땅을 불도저로 고르는 방법뿐이어서 대체적인 상황은 판단할 수 있어도 살아 움직이는 실상은 파악할 수 없다.

프랑스의 수학자 자크 아다마르(Jacques-Salomon Hadamard, 1865~1963)에 의하면 자연 현상을 표현하는 방정식은 적어도 세 가지의 요건을 충족해야 한다고 한다. 방정식 해의 존재성으로 초기조건이 주어지고, 현재 상황을 알게 되면 미래에 관한 방정식은 반드시 풀린다. 다음으로 해의 유일성으로 현재의 상황이 분명하면 방정식의 답은 꼭 한가지로 주어진다. 마지막으로 해의 안정성이란 것인데, 현재의 상황이 조금 변할 때, 방정식의 해도 그에 대응하여 조금씩 변화한다. 앞에 두 가지를 합하여 수학에서는 방정식 해의 유일적인 존재성이라고 한다.

수학자들은 아다마르의 이 말에 절대적으로 찬성한다. 그러나 자연은 엿장수 맘대로 존재하는 것이 아니며 현실에는 이들 조건에 만족하지 않는 기이한 현상들이 얼마든지 많이 있다. 근대 고학혁명 이후 수학자들은 대부분 서구인들이었고, 이들은 독실한 기독교 문화에 젖어 있었다. 그들의 사상 밑바탕에는 신의 창조물이라는 믿음이 있었고 신이 질서정연하게 창조한 자연 현상에는 당연히 그 뜻이 반영되어 있어야 했다.

신은 주사위 놀음을 하지 않는다는 아인슈타인의 믿음처럼 자연은 신의 작품이기에 질서정연한 것으로만 여겨왔다. 하지만 그들의 신은 수학자들이 생각한 것보다 훨씬 짓궂은 것 같다. 미래가 유일하게 전개된다는 해의 유일성에 대한 믿음은 양자 역학에서는 지켜지지 않았고 현재가 조금만 변하면 미래도 그에 대응하기 위해 조금씩 변한다는 방정식 값의 안정성은 기상학이나 일기예보에서 확인된 나비효과로 인해 여지없이 무너졌다. 미래의 예측, 즉 해의 존재성마저도 확정할 수 없다는 것이 아인슈타인의 일반 상대성 이론의 결론이다.

이처럼 근대과학의 틀을 벗어나는 현상을 우리는 카오스 현상이라고 하는데 이 현상들의 특징에는 궤도불안정성, 장기예측불가능성, 그리고 자기 닮음과 어트랙터라고 불리는 것들이 있다. 즉, 카오스 현상은 자기 닮음과 어트랙터가 카오스 현상의 실상을 밝히는 열쇠가 된다. 끌어당긴다는 뜻의 어트랙터는 복잡하게 보이는 운동의 중심에서 어느 한정된 영역을 말한다. 이것은 마치 어느 목공의 작업장에 들어가면 망치, 끌, 대패, 못, 나무 조각 등이 어지럽게 널려 있는 것과 같다. 외부인의 눈에는 혼란스럽고 난잡하게 보일 것이다. 그러나 이들 도구는 목수에 의해 파악되고, 그때그때 작업 과정에 쓰이고 있다. 즉, 여기서는 목수가 바로 어트랙터인 것이다.

바람둥이가 두 여자를 번갈아 만난다면 이때 그의 어트랙터는 2가 되고 장돌뱅이가 주기적으로 다섯 군데의 시장을 돈다면 그의 어트랙터는 5가 된다. 그러나 수학에서 나오는 어트랙터는 너무나 기묘하고 복잡해서 컴퓨터의 도움을 받아야만 그릴 수 있다. 컴퓨터의 역할이 중요한 이유는 카오스가 주목을 받게 되고 어트랙터를 밝히는 일 때문이기도 하다. 즉 컴퓨터가 새로운 패러다임을 형성하는 카오스 이론의 촉매역할을 하게 된 것이다.

2.3 펜타그램

펜타곤은 육 · 해 · 공군 3군의 업무를 포괄하는 미국 국방부 본부 건물이다. 버지니아 주 워싱턴 근교 알링턴 지역의 포토맥 강 건너편에 있는 세계 최대의 오피스 건물이다. 원래 펜타곤이라는 말은 오각형이라는 뜻인데 그 건물의 형태 때문에 미국 국방성을 펜타곤이라고 부른다. 펜타곤은 다섯 개의 동심 오각형이며 열개의 바퀴 모양의 통로가 건물 전체를 이어주고 있다. 또한, 지하를 제외하고는 5층 높이의 건물로 만들어져 있어 건물 높이가 수평면보다 훨씬 작아 거대하게 보이지 않는다.

별(star)이 주는 독특한 기하학을 깊이 살펴보면 우리를 오각형 원형의 핵심으로 더 가까이 다가가게 한다. 거기서 우리는 힘의 원천과 자연에 오각형이 나타나는 현상의 비밀과 그것이 우리에게 미치는 심리적 효과를 발견할 수 있을 것이다. 오각형은 자신의 이미지를 끝없이 반복한다. 먼저 정오각형의 꼭짓점을 연결하면 별의 모양이 되고 그 별의 내부를 보면 다시 새로운 오각형이 된다. 다시 오각형의 끝점을 연결하면 더 작은 별이 된다. 이런 일을 반복적으로 계속하면 펜타그램이라는 것이 만들어 진다. 밤하늘에 보이는 별을 ☆모양으로 하자고 처음 제안한 사람은 그리스의 수학자 피타고라스로 알려져 있다. 오각형 속에서 각 꼭짓점을 연결하면 바로 별 모양이 나온다. 그런데 오각형 속의 별 모양을 자세히 살펴보면 제일 작은 선에서부터 그 다음 길이의 선이 황금분할(1:1.618)로 되어 있고, 그 선은 또 그보다 긴 선과 황금분할로 되어 있다는 것을 확인할 수 있다. 즉 가장 작은 선에서부터 가장 긴 선까지 차례로 황금분할로 이루어져 있는 것이다. 가장 완벽한 모양 속에 가장 아름다운 비율로 선들이 그려진 것이다. 비록 우연하게 만들어진 모양일 수 있지만 ☆모양은 완벽함과 아름다움을 함께 갖춘 모양이다.

생명체의 이 매력적인 특징은 흥미롭게도 자기 자신을 영원히 더 작게 또는 크게 복제하는 펜타그램으로서 기하학적 성질과 일치한다. 펜타그램 별은 정오각형 중앙에서 자신을 복제하면서 거꾸로 뒤집혀 있는데, 그 중앙에도 정오각형이 있어 거꾸로 뒤집혀 있으며, 별들이 계속 끝없이 나타나게 된다. 부분으로부터 전체가 자라나는 재생의 원리는 도처에서 발견된다. 잎 한 장 속의 잎맥은 나무 전체의 가지가 뻗어 나가는 패턴을 보여주고 고사리와 같은 양치류는 잎의 작은 부분이 전체 잎과 그 식물 전체의 모양과 거의 닮았다. 부분 속의 전체라는 원리는 큰 나무의 가지로부터 작은 나무를 자라나게 하는 분재의 기본 원리다. 나뭇잎이 잔가지 주위에 뻗어 있는 것과 똑같은 패턴으로 잔가지가 가지 주위에 뻗어 있고, 큰 가지 역시 똑같은 패턴으로 줄기에서 뻗어 나와 있다. 같은 방법으로 하면 생성되는 별과 오각형 앞 두 변의 합은 새로운 도형의 한 변의 길이와 같다. 다시 처음으로 돌아가 가장 안쪽에 있는 정오각형의 변의 길이를 a, 그 다음에 생기는 별의 변의 길이를 b라 하면 다음과 같은 수열이 만들어 진다.

$$a,\ a+b,\ 2a+b,\ 3a+2b,\ 5a+3b,\ 8a+5b,\ \cdots$$

이 때, $a=1$, $b=1$을 대입하면 우리가 알고 있는 유명한 피보나치수열을 얻을 수 있다.

$$1,\ 2,\ 3,\ 5,\ 8,\ 13,\ 21,\ \cdots$$

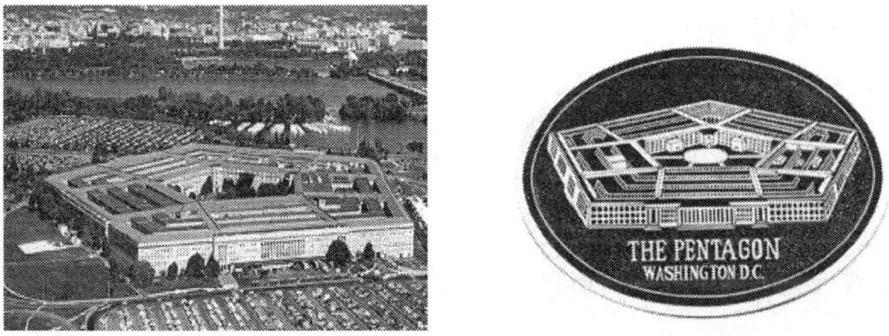

미 국방성 펜타곤

2.4 호프분기

고등 수학 이론에 호프분기라는 말이 나온다. 분기란 2개로 분할하거나 분열하여 변화하는 것이며 호프분기란 독일의 수학자 에버하르트 호프(Eberhard Hopf)에 의해 밝혀진 이론이다. 이 이론을 이용해 역학계의 운동 법칙을 찾는 이론 중 하나가 분기이론이다. 예를 들어 전축의 턴테이블 한가운데에 사발을 올려놓고 그 안에 탁구공을 넣어두면 회전이 느릴 때는 탁구공이 움직이지 않고 그릇 가운데 정지하고 있다. 그러나 점점 턴테이블의 회전 속도가 빨라지면 갑자기 탁구공은 그릇의 벽에 붙어 회전한다. 즉, 어트랙터가 고정점이었다가 원으로 바뀐 것이다.

어트랙터(attracter, 끌개)에 대해 자세히 설명하면, 이 용어는 점들이 안정된 궤도로 끌어당긴다고 해서 그렇게 부른다. 이와 같이 역학계에 에너지가 가해지면 어트랙터가 변한다. 이 변화는 단순한 것이 아니고 위상적인 변화다. 이러한 어트랙터의 변화를 분기라 한다. 호프분기를 알기 쉽게 인생행로에 비교해 보자. 아직 학교에 다니지 않는 어린이들은 집근처에서만 놀다가 곧장 집으로 돌아오는 일을 반복한다. 이 어린이에게는 집이 고정점 어트랙터인 셈이다. 그러나 이 아이가 자라서 학교에 다니게 되면, 집에서 정해진 시간에 일어나 학교에 등교하고 정해진 시간에 집으로 되돌아오는 규칙적인 생활이 시작된다. 즉, 학교와 집 사이를 왔다 갔다 하는 반복적인 생활을 한다. 여기까지는 무척 단순한 생활 패턴이다.

그러다가 대학생이 되면 하루 주기가 아니라 일주일간의 주기를 계획하여 세워서 생활한다. 월요일은 학교에 가고, 화요일은 동아리 활동, 수요일에는 아르바이트, 목요일에는 데이트, 금요일에는 독서, 토요일에는 스포츠, 일요일에는 교회나 다른 종교 활동을 하고 월요일에는 다시 원래의 주기로 되돌아온다. 그리고 학교를 졸업하고 직장을 갖게 되면 일주일 주기가 아니라 1개월간의 주기로 생활을 해야 한다. 그래서 스케줄은 더욱 복잡해진다. 한 달의 첫 주간은 시장조사를 하고 2주째는 시장분석, 3주째는 분석 결과에 따른 영업 활동, 4주째는 영업성과 분석, 다시 다음 달이 시작되면 또 다른 시장조사, ... 등과 같이 되풀이된다. 이렇게 인생에 있어서도 임계점에 해당하는 고비마다 생활 패턴의 분기가 일어난다. 이러한 분기가 계속되면서 생활이 복잡해지고 그 속에서 여러 사람을 만나고 그러한 친분으로 사업에 도움을 받기도 하며 때로는 엉뚱한 재미나 또는 피해를 보는 등 앞날을 예측하기가 점점 더 어려워진다. 즉, 카오스가 일어나는 것이다. 성공인가 실패인가, 아니면 그럭저럭 현상유지인가, 어떻게 변할지 장담할 수 없는 것이다. 인생의 출발점은 비슷하지만, 대부분이 앞에서 본 것처럼 2주기 분기, 3주기 분기 등을 거쳐서 카오스에 이르게 되는 것이다.

초등학교 때는 그다지 뛰어나지 못했던 친구가 동창회에서 만나보면 회사의 중역이나 장성이 되어 있기도 한다. 처음에는 두 사람이 비슷한 상황이었어도 나중에는 전혀 다른 직업에 종사한다거나 판이하게 다른 삶을 살게 된다. 초기치의 민감성, 즉 초기치의 차이가 분기를 되풀이하면서 큰 차이로 확대되어 버린 결과다. 초등학교 때 한 두 번 지각했던 버릇이 4주기

분기에서는 아르바이트 시간에 지각을 해서 쫓겨나고, 데이트 시간에 늦어서 애인에게 실연당하는 등 걷잡을 수 없이 사건들이 겹쳐가는 것이다. 인생은 이처럼 카오스가 본질인지도 모르겠다.

2.5 코흐곡선

스웨덴의 수학자 헬게 폰 코흐(Helge von Koch)는 각 변을 3등분하여 그 가운데 부분을 밑변으로 하는 정삼각형을 만들었다. 그리고 이 삼각형의 밑변에서 처음 선분의 가운데 부분을 없애고 두 변을 남긴다. 그러면 길이가 같은 네 개의 선분으로 된 꺽은 선이 만들어진다. 이 과정을 계속 되풀이한 상태를 코흐곡선이라고 한다. n번 되풀이한 이 도형을 n배로 확대하면 처음의 코흐곡선과 일치하는 똑같은 도형들이 나타난다. 코흐곡선은 부분과 전체가 닮음인 도형이다. 코흐곡선 같은 것이 프랙털 도형의 사례다. 위 정의로부터 짐작하건대 위의 도형은 아무리 확대해도 변함없이 들쭉날쭉하므로 1차원의 곡선도 아니고 자를 이용하여 길이를 측정할 수도 없다. 그렇다면 2차원일까? 그러나 위 곡선이 평면은 아니므로 2차원보다는 낮은 차원이다. 그래서 만델브로는 1차원과 2차원의 중간차원이라는 새로운 개념을 도입했다. 이를 소위 '프랙털 차원' 또는 '하우스도르프 차원(Hausdorff dimension)'이라고 한다. 선분은 1차원 도형이고, 정사각형은 2차원 도형이고, 정육면체는 3차원 도형이라는 것은 누구나 다 알고 있는 사실이다. 그런데 선분을 반으로 나누면 선분의 개수는 2개가 된다. 정사각형을 가로, 세로로 2등분하면 정사각형은 4개가 된다. 정육면체를 가로, 세로, 높이로 2등분하면 8개가 된다. 선분을 3등분하면 선분의 개수는 3개가 된다. 정사각형을 가로, 세로로 3등분하면 정사각형은 9개가 된다. 정육면체를 가로, 세로, 높이로 3등분하면 27개가 된다. 이제 n차원 물체를 n등분하면 어떻게 될지 생각해보자. 먼저 길이가 1인 선분을 n등분하면 나누어진 구간 하나의 길이는 $\varepsilon=1/n$이고, 선분의 개수는 $n=1/\varepsilon$이다. 알고 보면, 이 도형은 지극히 단순한 규칙으로 이루어진 도형이지만 코흐곡선은 삼각형이나 원과는 비교할 수 없는 많은 양의 정보가 숨어 있다. 그래서 여러 번 보아도 싫증이 나지 않는 도형이 된다.

무엇인가를 보고 재미를 느끼는 것은 그만큼 대상에서 얻는 정보량이 크기 때문이다. 예를 들어 책을 읽을 때, 내용이 재미있을수록 그 책으로부터 풍부한 정보를 얻는다. 특히 자기에게 꼭 필요한 정보가 있을 때는 더욱 그렇다. 모르는 것이 많다는 것은 정보가 적다는 뜻이다. 그러나 그것은 상대적일 뿐이며 사실은 복잡함, 정보량, 모른다 중 어느 하나가 커지면 나머지도 커지고, 어느 것 하나가 작아지면 다른 것도 작아지는 것이다.

상식의 붕괴는 인간생활에 큰 혼란을 초래한다. 그러나 이를 극복했을 때는 우리 앞에 새로운 지평이 열리게 되며, 특히 학문 세계에서는 풍요로운 창조가 가능해진다. 원시 세계에는 대부분 모든 대상에 이름이 없지만, 문명 세계로 갈수록 이름도 다양해진다. 실제로 이름이란 관심 있는 대상에 붙여지기 마련이다. 수학에서도 새로운 개념이 발견될 때마다 다양한 이름들이 등장했다. 프랙털 기하학도 예외는 아니다. 이 새로운 기하학은 평소에 수학자의 상식으로 알고 있었던 차원의 개념이 붕괴하면서 시작된다. 우리는 초등학교 때부터 1차원, 2차원 등 정수차원에 익숙해져 왔다. 그런데 코흐공간과 같은 프랙털 기하에서는 4/3차원과 같은 분수차원이 등장한다. 이런 분수나 소수로 된 차원은 공간적 이미지를 떠올릴 수 없기 때문에 누구나 거부감을 보일 것이다. 긴 치마로 몸을 감은 여성의 모습을 아름다움이라고 여기고 있을 때 난데없이 미니스커트가 등장한 것처럼 큰 충격과 혼란이 몰려온다. 요즘의 배꼽티처럼 우리의 고정관념을 흔드는 것과 같은 이치다. 그러고 보니 수학자는 계속 상식의 옷을 벗는 스트리커인지도 모른다.

아무튼 자연은 우리가 생각할 수 없는 복잡한 모습을 가지고 있다. 이를테면, 불규칙한 산등성이나 뭉게구름, 들쭉날쭉한 나무들, 그리고 훨훨 타는 불꽃은 직선과 원만을 고집하는 유클리드의 기하학으로는 알 수 없다. 그래서 수학자들은 얼마 전까지만 해도 이러한 자연 현상을 기하학의 대상으로 삼을 생각은 하지도 못했으며 수학적인 명칭 또한 없었다. 헤르만 헤세가 데미안에서 '새는 알을 깨는 아픔을 이겨내야 한다.' 고 했듯이 우리도 낡은 고정관념을 깨고 상식을 벗어 던지는 용기를 가진다면, 새로운 세계에 들어가는 기쁨을 맛보게 될 것이다.

코흐곡선

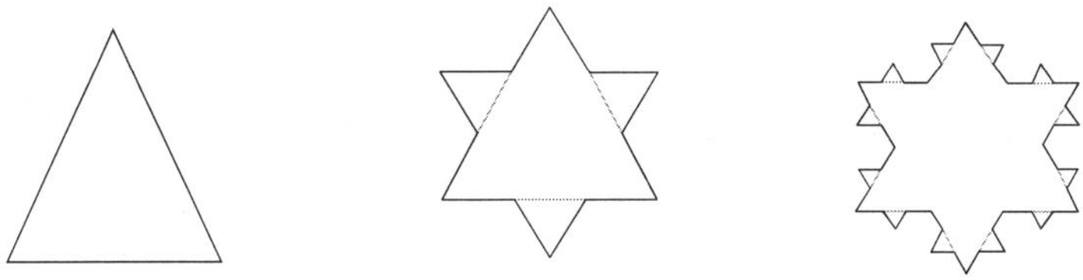

수학의 곡선으로 가장 처음에 나온 프랙털 도형 중의 하나다.
1904년 스웨덴 수학자 코흐의 논문 〈Sur une courbe continue sans tangente, obtenue par une construction géométrique élémentaire〉에 처음 등장하면서 이름 붙여졌다.

2.6 프랙털 이론

수학자들은 불규칙한 자연의 겉모습에 숨겨진 규칙성을 찾아내어 이를 수학적으로 재해석하고자 시도했다. 1975년 프랙털이라고 이름 붙인 이론은 오늘날 실생활에서 금속의 경도나 강도를 측정하는 일에서부터 우주론,

생태학에 이르기까지 광범위한 영역으로 적용 범위를 넓혀가고 있다. 실제로 최근까지도 수학은 학문의 세계에서 집안일을 도맡아 처리하면서도 바깥출입이 제한된 안방마님과 같은 존재였고, 늘 경기에 출전하지만 뒷전에 머물러 선수들의 활약상을 지켜보는 축구감독과 같은 신세였다. 왜냐하면, 복잡한 논리, 추상적인 용어, 알아듣지 못하는 방정식 등 수학이 갖는 일반적인 특징이 화려한 플레이를 기대하는 관객의 눈길을 끌지 못하기 때문이다. 그런데 최근 수학이 지식 산업시대, 정보화 시대의 새로운 첨병으로 떠오르고 있는 것이다. 예전에는 기초과학과 실생활의 부가가치 창출이라는 목표사이에서 응용과학이라는 중간단계가 있었다. 그러나 최근 그 중간단계가 빠른 속도로 무너지고 있다. 반면에 과거, 무대의 뒷전에 머물러 있던 기초과학 특히 수학이 무너진 틈새를 비집고 나와 직접 부가가치를 창출하고 있다. 대표적인 예가 암호학과 소수의 관계다.

1과 자신으로만 나누어지는 1보다 큰 자연수를 소수라고 한다. 수학에서 소수는 오랫동안 소수 자체의 아름다움을 추구하는 순수한 입장을 견지한 연구였다. 그런데 지금은 상황이 전혀 다르다. 오늘날 소수에 대한 각종 연구는 첨단 컴퓨터 이론과 함께 컴퓨터 암호기술의 핵심을 이룬다. 순수수학의 진영에서 단숨에 응용수학의 진영으로 전향한 것이다. 소수는 무한히 많고, 또 조금만 큰 수가 되면 찾아내기가 굉장히 어려워서 암호로 쓰기에 안성맞춤이기 때문이다. 잘 알려져 있듯이 1에서부터 10까지 사이의 소수는 4개(2,3,5,7)다. 계속해서 소수를 찾아보면, 11, 13, 17, 19, 23, 29, 31, 37,...적어도 두 자리로 이루어진 숫자들 가운데 소수를 찾기는 어렵지 않다. 그런데 숫자가 점점 커질수록 소수를 골라내는 일은 점점 더 어려워진다. 현재 80자릿수를 소인수분해 하는 데는 슈퍼컴퓨터로도 하루 정도 시간이 걸리는 것으로 알려졌다. 지난 수 세기 동안 수학자들은 소수를 찾는 일에 무진 애를 써왔다. 바로 이 같은 과정을 통해서 확인한 사실이 컴퓨터가 등장한 이후 해독의 난해함을 기본 생명으로 하는 암호기술에 그대로 적용된 것이다. 수학계에서는 두 100자리 소수들의 곱으로 된 200자리 합성수는 제아무리 뛰어난 컴퓨터의 공격으로도 결코 허물어지지 않는다고 믿고 있다. 암호기술은 군사, 외교, 국방 분야는 물론 전자 상거래와 계약, 심지어 개인 간 편지 주고받기에 이르기까지 사회생활의 모든 영역에서 사용되고 있다.

특히 첨단 정보화 사회가 된 오늘날에는 정보를 보호하기 위해 암호에 소수를 사용하고 있다. 최근에 사용되는 암호는 대부분 소수를 이용한 공개 열쇠 암호방식으로 만들어져 있다. 공개 열쇠 암호방식은 암호를 만드는 방식은 공개되지만 그 암호를 원래의 문장으로 돌려놓는(이 과정을 복호라고 한다) 열쇠를 알아내기가 거의 불가능한 방식이다. 이런 방식이 가능한 이유는 큰 정수를 소인수분해 하는 것이 매우 어렵기 때문이다. 예를 들어 어떤 두 소수를 곱해 나온 수 4,067,351을 이용하여 암호를 만들었다고 하자. 그런데 암호를 원래의 문장으로 돌려놓기 위해서는 이 수가 어떤 두 소수의 곱으로 되어 있는지 알아야 한다. 사실 이 수는 두 소수 1733과 2347의 곱이다. 두 소수 1733과 2347을 주고 이들의 곱 4,067,351을 계산하는 문제는 아주 쉽지만, 거꾸로 4,067,351이 어떤 두 소수의 곱으로 되어 있는지를 찾는 소인수분해 문제는 매우 어렵다. 실제로 사용되는 공개 열쇠 암호방식은 예를 든 방법보다 훨씬 복잡하고 정교하지만, 소인수분해가 어렵다는 암호의 근본 원리는 같다.

1977년 공개 열쇠 암호방식이 처음 발표될 당시, 예로 들었던 두 소수의 곱한 수를 인수분해 하는데 약 40,000,000,000,000,000년이 걸릴 것으로 예상했다. 그러다가 1994년에 인수분해 알고리즘이 개발되면서 인수분해를 좀더 빨리 할 수 있게 되었는데, 인수분해 알고리즘을 이용해도 100년 이상이 걸린다. 그래서 공개 열쇠 암호방식은 오늘날 은행의 통장 비밀번호에서부터 인터넷에서 사용되는 ID와 암호까지 다양하게 이용되고 있다. 그러나 인수분해 알고리즘이 계속해서 발전하고 있기 때문에 그에 대응한 더 큰 소수가 필요하게 되었다. 그래서 소수를 연구하는 수학자들은 더 큰 소수를 찾기 위해 지금도 노력하고 있다.

수학의 위력은 이처럼 거의 모든 사물의 특징과 원리를 수학적 방법론으로 이해하고 이를 증명한다는 데 있다. 수학이 단순한 공식이나 외우는 학문이 아니라, 현상을 이해하고 사고하는 학문이라고 말하는 까닭이 바로 여기에 있다. 수학은 수학자들이 익히 다루어 왔던 숫자 그 자체, 삼각형, 사각형 등 도형과 원, 곡선, 공간은 물론 심지어 비누막이나 물방울 하다못해 실로 만든 매듭, 미술 작품이나 음악 소리까지도 연구 대상으로 삼아 거듭 발전해 왔다. 앞으로도 수학은 자신의 연구 성과를 나눔으로써 인접 학문들에게 마음씨 좋은 시어머니 노릇을 톡톡히 할 것이 틀림없다. 그러나 수학자들은 수학이 자신의 역할을 수행하는 방식은 크게 달라질 것이라고 단언한다.

2.7 프랙털 기하학

갈릴레이가 망원경을 만들어 처음으로 달의 표면을 보고 사진으로 만들었을 때 사람들은 그것을 속임수라고 생각했다. 그러나 망원경의 발명으로 인해 인간은 거대한 우주의 실상을 점점 더 깊숙이 알게 되었다. 그 후 현미경이 발명되면서 거대한 우주뿐만 아니라 초미의 세계까지 이해하게 되었다.

더구나 원자핵의 내부를 조사하는 거대한 가속기의 발명으로 초극미의 세계와 원자의 파동과 입자의 양면성을 드러내는 양자 역학의 세계와 불경에서 말하는 찰나의 순간보다 더 짧은 세계까지도 들여다보게 되었다. 그러니 돌이켜 보면 이들의 눈부신 과학 성과는 인간의 실생활과는 거의 무관하게 동떨어진 것들이다. 일반적으로 인간생활에서 다루어지는 대상의 크기는 기껏 1/1,000m에서 수천 km까지 범위이고 시간도 1초에서 100년 정도다. 그리스 철학의 아버지라고 불리는 탈레스가 밤하늘을 보고 걷다가 시궁창에 빠진 것을 본 노파는 자기 발밑도 못 보는 주제에 하늘의 일을 알려고 한다고 빈정거렸다고 한다. 지금의 과학기술 발전도 그 노파의 빈정거림을 받을 만하다.

과학은 인간의 현실생활에서 일어나는 대부분의 현상에 대해 충분한 해답을 갖고 있지 않다. 처음에는 위로 올라갔다가 어느 지점에 이르러 미묘하게 좌우로 흔들리면서 천천히 퍼져 나가는 담배연기를 보노라면 마치 붓놀림이 변덕스러운 추상화를 보는 느낌이다. 그런 과정을 수학자들은 운동방정식으로 만들어 보려 노력했지만 수식으로 나타낼 수가 없었다. 화재현장에서 타고 있는 불꽃을 방정식으로 표현할 수만 있다면 화재를 진압하기 위한 해답도 쉽게 찾을 수 있겠지만 유감스럽게도 아직은 그 방정식조차 만들 수 없는 실정이다. 뿐만 아니라, 자연의 현상을 방정식으로 표현할 수 있다고 해도 대부분 해답을 찾을 수 없어서 우리는 근사해라는 것을 이용할 수밖에 없다.

알고 보면, 우리 주변에는 도저히 예측조차 할 수 없는 수수께끼들로 가득 차 있다. 담배연기가 흩어지는 이유, 결함이 없어 보이던 비행기의 추락, 자동차의 사고 경위, 군중들의 폭동, 날씨의 변화와 자연재해 등 이루 말할 수 없는 일들의 자세한 이유를 모르고 있다. 인간의 내면을 보면 더 많은 의문이 생긴다. 인간의 뇌는 어떻게 생각을 하는가, 처음에는 백지장같이 아무것도 그려져 있지 않은 어린아이의 뇌는 어떻게 학습하여 그 많은 정보를 축적해 나가는가, 왜 감정을 자극하면 눈물이 나는가 등 얼마나 많은 문제들이 우리 앞에 있는지 모르겠다.

이렇듯 너무나도 많은 변수들이 모여 분석조차 불가능한 미묘하고 복잡한 현상들이 이제는 컴퓨터의 시뮬레이션이라는 것을 통해 분석되고 있다. 컴퓨터는 복잡하고 당혹스러운 현상들을 숫자로 분석해 말하는 새로운 시대의 현미경과 같은 것이다. 컴퓨터는 모든 현상을 수치화하여 그림으로 그려내는 기술을 가지고 있다. 복잡한 현상들을 일차원적으로 단순하게 인과관계만으로는 표현할 수 없다. 자연 현상에는 많고 많은 복잡한 관계들이 엉켜있기 때문에 선형(일차함수)으로는 도저히 설명할 재간이 없다. 어느 시인이 노래한 대로 인생은 일차함수(선형)로 풀 수 없는 것이다. 인생을 일차함수로 해결할 수 없는 것처럼 실존하는 자연의 대상을 유한 번의 자와 컴퍼스의 사용만으로는 그 실체를 파악할 수 없는 것이다.

거대한 우주나 초미의 세계는 대부분이 컴퓨터의 도움 없이 그 이미지마저 상상하기 어렵다. 이 새로운 기하학은 컴퓨터의 도움 없이는 성립될 수 없는 수학이다. 컴퓨터 기하학은 이제까지 가치를 느끼지 못했던 무한의 개념을 오히려 본질적인 수단으로 삼는 무한의 기하학이다. 기하학의 새로운 혁명이 일어난 것이다. 이를 프랙털 기하학이라 한다.

2.8 프랙털 차원

걸리버 여행기를 보면 거인국과 소인국 이야기가 나온다. 걸리버는 자신의 키의 12분의 1밖에 안 되는 소인국에 가게 된다. 소인국 사람들이 걸리버에게 옷과 음식을 제공하려면 어느 정도의 옷감과 식량을 준비해야 할까? 단지 소인국 사람이 소비하는 양보다 12배 더 주면 되는 걸까? 문제는 그렇게 간단하지가 않는다는 데 있다. 우선 옷감은 12배가 아니라 12×12배만큼 준비해야 한다. 그리고 식사량은 12×12×12배가 돼야 한다고 저자인 스위프트는 말한다. 이처럼 옷감과 식사량의 계산법이 달라진 것은 서로 차원이 다르기 때문이다. 옷감의 양은 평면적인 것, 즉 2차원적이고 음식은 밥그릇에 담겨진 밥을 보면 알 수 있듯이 3차원적이다. 그래서 걸리버 몸의 표면적은 12×12배나 넓고, 몸의 부피는 12×12×12배가 돼야 한다는 것이다. 이처럼 차원이 다르면 그의 양, 면적이나 부피를 나타내는 수치 역시 달라져야 하는 것이다.

초등학교 수학을 배운 이래 우리는 여러 가지 양, 길이나 면적, 부피 등을 계산하는 법을 배웠다. 이러한 여러 가지 양의 크기를 통틀어 측도라고 한다. 1차원 도형의 측도는 길이이며 2차원 도형의 측도는 넓이다. 이처럼 도형은 그 차원에 따라 측도가 달라진다. 1차원 도형에서는 길이가 관심의 대상이 되고 2차원 도형의 측도는 넓이가 문제가 된다. 그래서 옷감이나 종이는 특별한 경우가 아니면 두께는 문제 삼지 않고 넓이만을 주로 문제 삼는다. 가령 일정한 길이의 1차원 도형인 선분을 3배로 확대하면 그 길이는 그대로 3배가 되지만, 2차원도형인 정사각형을 3배로 확대하면, 그 넓이는 3배가 되는 것이 아니라 9배가 되며, 3차원 도형인 정육면체의 부피를 3배 확대하면 그 부피는 무려 27배로 늘어난다.

여기서 우리는 어떤 법칙성을 찾아낼 수 있다. 3배, 9배, 27배라는 수치는 각 도형의 차원과 어떤 관계가 있는 것은 아닐까? 3은 3의 1제곱수이고, 9는 3의 2제곱수, 27은 3의 3제곱수이니 양변에 로그를 취하면 1=log3/log3, 2=log9/log3, 3=log27/log3이 되어 어떤 도형의 차원을 정의할 때, 차원이란 log(측도)/log(확대율)로 정의된다.

그런데 프랙털 도형이란 최초의 도형에 어떤 규칙을 적용하여 만든 도형을 말하는데 그것들 중 가장 간단한 것이 바로 코흐곡선이다. 처음 도형을 우리는 창시자라 말하고 그 다음 규칙에 의해서 만들어진 도형을 생성자라고 부른다. 1차 코흐곡선이란 길이가 3인 창시자인 선분이 있다고 하자. 그리고 이 직선을 3등분하여 가운데 있는 직선을 위로 구부려 생성자를 만들면 이 생성자는 길이가 1인 선분 4개로 이루어진다. 그래서 원래 창시자인 선분의 길이 1보다 1/3이 길이가 긴 4/3가 된다.

이 첫 번째 코흐곡선 생성자의 차원을 계산해 보면 log4/log3가 되고 놀랍게도 그 차원은 약 1.2618이 된다. 그래서 코흐곡선은 단순한 1차원 도형이 아니다.

이제껏 좌표 개념만으로 차원을 이해해 왔는데 이게 어찌된 일인가? 좌표 개념이 도입된 이래 우리는 차원을 무조건 좌표와 연관 지어 생각해 왔다. 상식적인 생각에 비추어 보면 1차원은 좌표축이 하나이고, 2차원은 좌표축이 2개, ... n차원은 좌표축이 n개다. 물리학자들은 이것을 자유도라 부른다. 자유도란 자유롭게 움직일 수 있는 범위의 수를 말한다.

그런데 1.2618 차원이라니!! 좌표축이 하나하고 그 다음에 나오는 0.2618개란 무엇을 의미한단 말인가? 도대체 이 코흐곡선을 이루는 점들은 어떻게 배열되어 있기에 이런 비 정수차원을 갖는다는 말인가? 1차원 직선은 점들이 단순히 앞뒤로만 배열되어 있고, 2차원은 사방팔방으로 배열되어 있으나 코흐곡선은 1차원보다 크기 때문에 좌우로만 점이 있는 것은 아니다. 그렇다고 좌우 밖에도 배열되어 있다고 볼 수도 없다.

이런 정수차원이 아닌 것을 만델브로는 프랙털 차원이라 이름 붙였다.

2.9 1/f 요동

푸리에 급수는 1/f 요동이 프랙털적인 구조를 가지고 있다고 했다. 이 자기 닮음적인 구조는 풍부한 유연성을 지닌다. 급격하게 변하기 쉬운 환경에 적응하기 위해서는 여유, 곧 '요동'이라는 안전장치가 필수적이다. 생물체들은 요동을 활용하여 생존을 유지하고 있는 셈이다. 자동차의 핸들은 반드시 유동 각도를 유지하는 여유가 있도록 설계되어 있다. 이 유격이 없으면, 핸들 조작이 탄력성을 갖지 못해 위험한 사고를 일으키기 쉽다. 스포츠카처럼 예민한 반응이 요구되는 자동차는 핸들의 반경도 작고, 유격도 작으며, 따라서 그만큼 고도의 운전기술이 필요하다.

이것은 인간의 사회생활과도 관계가 있다. 요즘 흔히 하는 말 중에 전문바보라는 말이 있는데, 한 분야에서는 전문가지만 다른 분야에는 전혀 대응할 수 없어 바보스러운 행동을 하는 사람을 일컫는다. 또한, 인간의 언어생활에 있어서 보통 사람은 정확한 문법을 사용해서 말하지 않는다. '쑥떡같이 말해도 찰떡같이 알아듣는다'라는 속담이 있는데 이는 다소 틀리게 말해도 이해할 수 있어야 한다는 뜻으로 그만큼 폭넓게 이해하는 능력을 갖추어야 한다는 뜻이다. 요즘 같은 정보화 시대에는 다양한 정보가 수시로 오간다. 때문에 한 분야의 전문가일 뿐만 아니라, 다른 여러 분야에 관한 일도 얼마만큼 소화할 수 있는 여유, 곧 다른 분야에 대한 교양을 널리 갖출 필요가 있다. 유연성이 없는 사람은 유격 없는 핸들로 운전할 때처럼 약간의 변화에도 대응하지 못한다. 극단적인 경우, 자신의 전공 분야에서조차 좋은 성과를 올릴 수 없다.

정보화 사회에서는 전문가이면서 넓은 교양과 탄력성 있는 감성을 지닌 '제너럴리스트(generalist, 여러 분야에 걸쳐 폭넓은 소양을 갖춘 사람)'야말로 바람직한 인간형이다. 그렇다고 반드시 모든 분야를 완벽히 통달할 필요는 없다.

딱딱하고 추상적인 수학만을 연구하다가 커피 타임을 갖는 것은 일종의 1/f 요동을 만드는 것으로 마음을 정화하는 작용이 있다. 이 정화하는 작용이 없으면 자연스럽게 연구 활동을 지속할 수 없다.

기업에도 여유가 없으면 위험하다. 최근 구조 조정으로 직원을 해고시키지만, 실은 해고 당한 직원이 회사가 위기에 처할 때 유효 인력으로 작용하는 경우도 있다. 즉, 필요 없다고 당장 해고하는 것은 먼 미래를 생각할 때, 위험한 발상일 수도 있다.

생명 현상에도 여러 가지 1/f 요동이 있다. 생명에 직결되는 심장의 박동

도 1/f 요동하고 있다. 이처럼 1/f 요동은 생물계에서도 특별한 의미를 가지고 있다. 이 요동이 생명을 다양한 환경 변화에 적응시켜서 생존하게 하는 역할을 하기 때문이다. 갈대, 대나무, 버들가지는 능청거리며 휘어지지만 꺾이지 않는 것도 여유가 있는 조직 탓이다. 산들바람에도 흔들리는 약한 구조를 갖는 것은 한 편으로는 불안정성 속에서 생명을 유지하는 비결이기도 하다. 그러기에 대나무나 갈대가 높이 성장할 수 있는 것이다.

시냇물에서 교향곡에 이르기까지 1/f 요동은 여러 양상에서 나타난다. 아득한 은하계에서 날아온 우주선의 흐름에도 1/f 요동이 있다. 아마도 은하계 자장의 강도가 1/f 요동을 하고 있기 때문일 것이다. 왜 은하계의 자장이 1/f 요동을 하고 있는가? 정확히는 알 수 없으나, 그것이 오늘날의 우주 구조를 형성하는 데 있어서 중요한 역할을 하는 것만큼은 틀림없다. 작은 움직임일수록 쉽게 일어나고, 큰 변화일수록 일어나기 어렵다는 것은 상식이다. 즉, 주가변동이 그 좋은 예로 1/f 요동은 이런 상식을 말하는 것이다.

프랙털이 적용된 삼각형 & 이미지

2.10 만델브로 법칙

'가마솥 안의 개구리'라는 말이 있다. 가마솥에 들어 있는 물의 온도가 아주 조금씩 올라가면 개구리는 따뜻한 물이 너무 좋아 흐뭇해한다고 한다. 점점 온도가 더 올라가도 개구리는 여전히 느긋하게 몸을 물에 담구고 즐긴다. 그러다가 물이 너무 뜨겁다고 느껴져서 물 밖으로 뛰어나가려고 하면 그때는 이미 팔다리는 익어버린 후이다. 이 어리석은 개구리는 물의 온도 변화를 예측하지 못했기 때문에 죽게 된 것이다. 이 이야기는 현재에 안주하지 말고 미래를 잘 예측하고 관망하여 어떤 상황에도 적절하게 대처할 수 있어야 한다는 교훈으로 사용하기 위해 만든 이야기일 것이다.

인간생활은 온통 예측할 것들로 가득 차 있다. 하찮은 일상생활에도 무의식적으로 수많은 예측을 해야 하며 때로는 신중에 신중을 기해서 예측하고 선택해야 할 일도 너무나 많다. 잘못된 예측과 선택으로 말미암아 자칫 운명을 크게 어긋나게 만들어 버릴 수 있기 때문이다.

우리는 어떤 것을 예측할 때 일반적으로 어떤 법칙성이나 규칙성에 크게 의존한다. 그러나 안타깝게도 세상일은 모두가 규칙대로 돌아가는 것은 아니다. 그래서 21세기 최첨단 과학시대임에도 불구하고 여전히 점쟁이 집은 문전성시를 이루는 모양이다.

세상사 모든 일에 예측이 필요하지만, 돈이 살아 움직이는 증권시장에서는 절대적이다. 만일 한 시간 전의 주가변동이 예측 가능하다면 누구나 백만장자가 될 수 있겠지만, 증권시장은 갈피를 잡지 못할 만큼 두서없이 변화한다. 또한 그 변화는 어떤 규칙성도 찾을 수 없고, 따라서 전혀 예측할 수도 없다.

하지만 우리가 프랙털이란 안경을 끼고 주식시장을 바라보면 이와 같은 무질서 속에서도 일정한 법칙이 존재함을 알 수 있다는 것이다. 그래서 미국의 증권가에는 프랙털과 카오스 이론으로 증권시장을 매우 신뢰성 있게 예측하여 큰 돈벌이를 하고 있는 젊은 과학자들이 많이 있다고 한다.

그들이 갖고 있는 아이디어는 이른바 '자기 닮음'이라고 하는 개념으로 일정하게 정지된 상태의 공간적인 구조나 패턴의 관점에서 생각한다. 이 같은 생각은 시간적인 과정 속에 나타나는 현상에도 적용할 수 있다. 실제로 프랙털 이론의 창시자인 만델브로 교수는 증권시장에서 움직이는 주가변동을 보고 '자기 닮음의 규칙'을 발견했다고 한다.

이 말을 좀더 자세히 설명하면 다음과 같다. 주가의 그래프를 하루 단위, 또는 1개월 단위로 그려도 그래프는 비슷한 모양으로 변하고 있다. 다시 말해서 시간을 확대하거나 축소해도 변화의 상태는 비슷하다는 것인데 이것은 주가변동이 시간에 관하여 프랙털적임을 말한다. 하루 동안의 주가변동이 1개월 후의 주가변동과 통계적으로 닮은꼴이라는 것은 내일의 주가를 예상하는 일이 1개월 후의 주가를 예상하는 것만큼이나 어려운 일임을 뜻한다. 구체적인 수치를 사용해 생각해보자. 가령 어떤 회사의 10,000원짜리 주가가 100원 이상 변동하는 날이 10일에 하루 꼴로 있다면 200원 이상 변동하는 날은 1/3의 확률, 즉 30일에 하루 정도 있다는 것이다. 마찬가지로 400원 이상 변동하는 날은 90일에 하루, 800원 이상 변동하는 날은 270일에 하루 정도 있게 된다. 이 논리대로라면 대공황과 같이 10,000원의 주가변동이 생기는 날은 60년에 하루 꼴이 된다. 주가변동의 크기 분포에 관한 프랙털성은 가격변동의 크기에 관한 자기 닮음을 갖는 것이며 그것은 공간도 아니며 시간도 아닌 좌표축에 관한 자기 닮음이다. 주가는 살아 움직인다는 말을 자주 듣는데 그것은 그 움직임이 프랙털적이며 따라서 항상 안정적인 주가변동이란 있을 수 없다는 뜻이다.

요컨대, 주가변동은 시간과 금액이 만든 공간에서 프랙털 구조를 만들어낸다. 주가변동에 관한 통계적 법칙은 만델브로 법칙이라고도 하는데, 이는 해안선의 요철과 연관지어 이들 사이에 공통적인 성격을 찾아낸 것이다.

베누아 만델브로 (Benoît Mandelbrot, 1924~2010)

베누아 만델브로는 폴란드에서 태어난 프랑스 수학자다. 프랙털 기하학 분야를 연구한 중요한 사람 중 하나로 평가되며 예일 대학교 명예 교수로 재임되었다.

2.11 복잡성 이론

우리말 대사전에 보면 복잡성이란 갈피를 잡기 어려울 만큼 여러 가지가 얽혀 있거나 어수선한 성질이라고 기록되어 있다. 지난 300년간 군림해 온 근대과학은 모든 사물이 분자, 원자, 소립자 등으로 분해될 수 있다는 환원론에 의해서 복잡한 자연 현상과 사회 현상을 설명해 왔다. 그러나 아무리 나누어도 단순화되지 않는 경제, 기상, 우주, 생명체 등의 현상은 이러한 근대과학 이론으로도 설명할 수 없음이 점차 분명해지고 있다. 이와 같은 복잡한 체계를 그 세부 요소들의 상호작용을 종합·분석함으로써 설명하려는 새로운 차원의 연구가 바로 복잡성 과학이다.

우리는 컴퓨터나 도서관 또는 자연의 질서 속에 저장된 어떤 자료나 정보를 찾아내는 규칙을 발견하게 될 때, 질서를 찾았다는 표현을 쓰거나 해결의 실마리를 찾았다고 한다. 흔히 여행을 떠나가 전에 목적지의 지도나 여행안내서 등을 통해 여행에 대한 정보를 모으게 되는데, 그 이유는 그곳에 대한 정보를 미리 기억장치에 저장시켜 앞으로 일어날 복잡성에 대한 해결의 실마리를 미리 찾기 위해서다. 처음 방문한 도시를 걸으면 매우 복잡하다고 느낄 때가 많다. 그 이유는 기억을 담당하는 뇌 부위에 그 도시에 관한 공간 지도가 전혀 형성되어 있지 않기 때문이다. 그러나 두 번 세 번 방문하는 동안 우리의 뇌는 거리에 늘어선 집들이며, 거리에 대한 공간 지도가 형성되므로 복잡함을 느끼지 않게 된다. 어른들이 단순하게 생각하는 것을 어린이들은 복잡하게 생각하는 경우가 있다. 왜냐하면 뇌 속에 아무런 정보가 없을 때는 어떠한 대책도 강구하지 못하기 때문이다.

과학자들이 MRI 장치로 뇌를 관찰해 보면 어린이가 컴퓨터 게임을 처음 할 때에는 뇌의 신경 대부분이 분주하게 활동하지만, 게임에 익숙해지면 뇌신경의 대부분은 활동을 멈추고 손가락의 움직임을 제어하는 운동중추에서만 산소와 포도당을 소비하면서 활동한다고 한다. 이런 사실을 볼 때 우리가 느끼는 복잡성의 정도는 대부분의 뇌세포가 혼란스럽게 활동하는 정도와 일치한다고 한다. 마치 돌연한 상황이 발생할 때, 모든 조직원이 일사분란하게 움직이다가 어느 정도 사태를 수습하면, 필요한 요원만 남겨두고 나머지는 철수하는 상황과 같은 이치다.

수학자들은 이런 현상을 통해 '구조를 파악하면 복잡한 것을 단순화할 수 있다.'라는 명제를 얻었고 실제로 문제해결을 위해 해법을 찾는 도구로 사용되는 수학 문제는 복잡한 구조를 단순화하는 것과 같다. 복잡한 대상을 과학적으로 정리하고 단순화하기 위해서는 우선 정량화해야 한다. 즉,

복잡한 정도를 측정하여 숫자나 수식으로 나타낼 수 있어야 한다. 지금까지 수학은 가까움, 연속 등 우리가 일상생활에서 상식적으로 쓰는 애매한 말들을 모두 엄밀하게 정의하고 연구의 대상으로 삼았다. 특히, 현대수학에서는 무한의 정도를 수치화하여 수학의 틀 안에 편입시켰다. 이렇듯 복잡성을 정의하고 수치화하는 일은 당연히 수학자의 몫이며 이런 작업들을 통해 새로운 시대의 새로운 과학에 있어서 수학은 여전히 여왕의 자리를 지켜나갈 것이다.

복잡하다고 생각하는 것은 어느 정도 복잡한지 객관화 될 수 있어야 한다. 다시 말해 복잡함의 정도를 수치로 표시하는 일이 필요하다. 과연 우주 안에서 가장 복잡한 존재란 어떤 것인가? 역설적인 이야기지만, 복잡성은 정보가 최대로 많은 상태이며, 무질서는 아무것도 찾아낼 수 없는 어려운 상태라고나 할까?

복잡성이란 문제를 해결하는 시간에 비례한다고 볼 수 있다. 물론 복잡하다는 뜻은 매우 주관적인 생각이다. 예를 들면, IQ 테스트가 그 좋은 예이다. 정해진 시간에 정해진 문제를 얼마나 많이 해결하는가를 수치화해서 측정하며, 주어진 문제가 기존의 시스템 내에서 얼마나 복잡한가를 평가한다. 앞에서 이야기한 대로 경험이 적은 어린이는 어른보다 문제를 해결하는 시간이 오래 걸린다. 이와 관련해서 생각하면, 어떤 기준이 되는 시스템을 설정하여 문제해결에 걸리는 시간으로 복잡성을 측정할 수도 있을 것 같다.

2.12 복잡성 수학

20세기에는 초극미의 물질세계를 파헤치는 양자 역학의 등장으로 아무리 복잡한 현상도 간단한 몇 개의 기본 요인을 찾아내어 연구할 수 있다는 신념을 과학자들의 가슴에 굳게 심어 주었다. 그리하여 그들은 연구의 대상을 단순화 시키려고 노력했다. 이러한 연구 태도는 뉴턴의 역학에도 잘 나타나 있다. 그들은 모든 물질 운동이 인력의 법칙 하나로 설명될 수 있다고 믿었다. 일월식의 정확한 시간, 행성과 혜성의 운동 등 거의 모든 천체의 운동을 단순 수식 하나로 설명했다. 사람들은 뉴턴과 같은 과학자들이 복잡한 것을 단순화하는 혜안을 갖고 있다고 믿었다. 그러나 단순화 시키는 과정에서 집약과 희생이 뒤따랐다. 이를테면 뉴턴은 행성의 궤도를 결정할 때 수많은 별들의 존재를 무시하고 태양의 인력만을 고려했다. 그러나 이제는 이와 같은 어리석은 생각은 할 수 없다. 하찮다고 생각했던 요인들이 알고 보면 때로는 막대한 영향력을 행사한다는 것을 깨달은 탓이다. 이를 적절히 표현한 것이 이른바 나비효과이다. 어느 한 곳에서 일어난 나비 한 마리의 날개짓이 내일의 뉴욕 날씨를 좌우 한다는 비유의 말이다. 슈퍼컴퓨터로 아주 정밀하게 관측하여 신속하게 처리했음에도 불구하고 일기예보가 번번이 빗나가는 것은 그 때문이다. 알고 보면 이 세상에는 이런 현상들로 가득 차 있다.

21세기의 새로운 패러다임은 복잡성이라는 하나의 단어로 집약할 수 있다. 예전에도 복잡한 현상은 있었지만 대부분 무시해 왔다. 아니 무시한 것이라기보다는 피해버렸다. 컴퓨터가 없던 당시로써는 그 복잡한 양상을 어림으로나마 상상할 수 없었기 때문이다. 그러나 이제는 아무도 외면할 수 없게 되었다.

컴퓨터와 통신기술의 발달로 인해 우리가 감당할 수 없을 만큼 정보가 범람하는 불확실성의 시대인 요즘, 사소한 정보 하나가 엉뚱한 나비효과를 일으킬 수 있다는 말이다. 뉴턴은 이러한 '하찮은 요인'들을 배제함으로써 근대과학의 금자탑을 세울 수 있었다. 그러나 그것은 수많은 자연 현상 가운데 지극히 간단한 경우에만 적용되는 성공이었다. 이제 과학자들은 복잡한 자연 현상을 그대로 파악하지 않으면 안 되게 되었다. 카오스 전문가의 눈으로 보면 뉴턴의 천재성은 천체 운동에 대해 완벽한 해가 가능한 영역만을 선택했기 때문에 가능했던 것이다. 뉴턴 역학에서는 수많은 별들이 나비효과를 일으키지 않는다. 그 이유에 대해서는 다음에 설명하기로 하자.

괴델의 불완전성정리는 몇 개의 단순한 공리로 수학의 체계를 세울 수 있다는 믿음이 환상임을 보여주었다. 21세기의 수학은 프랙털 기하학의 창시자인 만델브로와 같이 복잡한 것은 복잡한 그대로 파악하는 수학의 혁명가들에 의해 새롭게 태어날 조짐이 보인다. 이러한 시대의 변화를 읽어낸 미국의 페이겔스는 과학을 크게 두 가지로 구분하고 앞으로 과학의 주류는 복잡성의 과학이 될 것이라고 조심스럽게 예견하고 있다. 뉴턴의 고전 역학, 결정론, 계량경제학 등이 단순성의 과학이라면, 프랙털 기하학, 카오스 이론, 홀론 이론, 분자생물학, 가이아 이론 등은 복잡성의 과학이다. 여기에 덧붙여 페이겔스는 21세기에는 복잡성의 과학이 정치, 경제, 문화, 군사적으로 강대국을 구분하는 원동력이 될 것이라고 예견했다.

2.13 혼돈 이론

17세기 말, 세기적인 천문학자이며 수학자이자 물리학자인 아이작 뉴턴(Isaac Newton)은 미분 적분학과 만유인력의 법칙으로 천체 역학과 지구상의 역학을 통일적으로 이해하는 체계를 세웠다. 만유인력의 법칙에 따라 시계 톱니바퀴가 태엽의 작동에 의해 정확히 움직이는 것처럼 우주의 모든 것 또한 규칙적으로 예정된 코스로 움직인다고 생각한 것이다. 이것은 마치 당구대 위에 있는 공들의 처음 위치와 속도가 정해지면 공들이 어디에서 충

돌할 것인지를 예측할 수 있다는 원리와 같다. 물론 이것을 정확하게 맞추려면 원리적으로 계산이 가능해야 한다는 것이 뉴턴 역학의 기본 명제다. 그러나 최근에 양자 역학이 출현하면서 뉴턴의 역학은 고전적이라는 수식어가 따르게 되었다. 양자 이론이란 미시적 세계의 이론으로 전자 크기의 입자에 대한 이론이다. 전자의 운동을 관찰하면 전자에 부딪힌 광자는 부딪힐 때 전자의 운동에 대한 정보를 눈에 전달하고, 사람의 두뇌는 그 눈에 들어온 정보를 가지고 전자의 운동에 대해 분석한다. 하지만 그때 이미 전자는 광자와의 부딪힘에 의해 운동 상태가 달라진다. 실제로는 관찰 뒤 1초 후, 사람이 전자에 대해 알고 있는 운동 정보와 전자의 실제 운동 상태에는 모순이 발생하는 것이다. 그래서 전자의 운동에 영향을 주지 않고 관찰한다는 것은 불가능하다. 두 번째로, 위치와 초기 운동 상태를 안다고 해도 위에서 말한 것처럼 1초 뒤의 운동 상태는 전자의 위치를 아는 순간 달라지므로 위치와 운동을 동시에 안다는 것은 양자 이론에선 불가능하다는 이론이다.

하지만 뉴턴의 법칙에 의하면, 물체의 처음 위치와 속도가 주어지면, 나중 위치와 속도를 예측할 수 있다는 결론이다. 이것을 뉴턴의 결정론이라고 하며, 이 결정론은 19세기 초 프랑스의 노르망디 태생의 수학자 피에르 라플라스(Pierre Simon Laplace, 1749~1827)에 의해 정점에 이르렀다. 그는 라플라스의 악마라는 초능력을 가진 가상 인물을 등장시켜 우주의 모든 움직임을 미리 알아낼 수 있다고 주장했다. 그는 우주 속에 있는 모든 원자의 위치와 그들의 운동을 모두 아는 전지전능한 악마가 있다면, 세계가 앞으로 어떻게 변해 갈 것인지 정확히 예언할 수 있다고 장담했다. 그는 자연의 모든 운동과 변화의 결과는 몇 안 되는 수학적 결론뿐이라는 굳은 신념을 갖고 있었으며 그러한 수학 법칙은 언젠가 반드시 찾게 되리라고 믿었다. 라플라스가 천제 역학이라는 저술을 나폴레옹에게 바쳤을 때, 나폴레옹은 이 책에는 창조자에 대해 한 마디도 언급되어 있지 않다고 말하자 '저에게는 그런 가설은 필요 없습니다.'라고 단언했다고 한다. 실제로, 뉴턴은 크기나 상태, 모양이나 구성요소는 문제 삼지 않고 오직 질량만을 문제 삼았다.

이런 사람들은 종교적 계시를 바탕으로 인간의 행위를 포함해 이 세상에서 일어나는 모든 일은 이미 정해진 때와 장소에서 일어난다고 믿었다. 그러나 19세기 고전물리학의 전성시대에는 물리학이 결정론적인 세계상을 제시하고 있었기 때문에 '과학적 결정론'의 올바름이 증명되었다고 생각했다. 20세기에 들어와 양자 역학이 나오면서 강력한 의미에서의 결정론은 반드시 모든 국면에 일치하는 것이라고 생각하지 않게 되었고, 일이 발생하는 확률만이 결정되어 있다는 '확률론적 결정론'이 유력해졌다. 그러나 과학자들 가운데는 아직도 결정론적 사고방식에 매력을 느끼는 사람들이 있고, 아인슈타인처럼 확률론적 사고방식에 익숙하지 못해 죽을 때까지 양자 역학을 받아들이지 않은 물리학자도 있으며, 양자 역학에 결정론적인 해석을 재해석하는 사람도 있다.

결정론의 또 다른 논쟁 중 하나는 '미래에 대한 예측'에 있다. 결정론에 따르면 현상을 정확히 파악하면 미래를 예측할 수 있다고 한다. 이는 천체 역학의 발전을 통해 증명되었으며, 지표에서도 물체의 역학적 운동의 대부분은 수학적 계산을 통해 파악할 수 있다. 그러나 현재의 상황을 분석해도 미래에 대한 예측이 어렵거나 불가능한 사례가 많은데 대표적으로 일기예보, 조류의 흐름, 삼체문제, 심장박동 등이 있다. 이러한 문제는 20세기에 이르러 프랙털, 결정론에 입각한 혼돈 이론 등을 통해 설명할 수 있는데, 이러한 설명 방식도 선형적인 운동만을 설명할 수 있다는 한계가 있다. 왜냐하면 세상사 모든 일이 직선 상에만 있는 것은 아니기 때문이다. 그래서 오늘날에도 혼돈 이론은 계속 연구되고 있으며, 이것이 과학 전반의 개념적 토대로서 얼마나 중요한지에 대해서도 여전히 논의되고 있다.

아이작 뉴턴 (Isaac Newton, 1642~1727)

영국의 물리학자 · 천문학자 · 수학자 · 근대이론 과학의 선구자다. 수학에서 미적분법을 창시하고 물리학에서 뉴턴 역학의 체계를 확립했다. 뉴턴 역학에 표시된 수학적 방법 등은 자연과학의 모범이 되었고, 사상 면에서도 역학적 자연관은 후세에 커다란 영향을 끼쳤다.

피에르 시몽 라플라스 (Pierre Simon Laplace, 1749~1827)

프랑스의 천문학자 · 수학자. 행렬론 · 확률론 · 해석학 등을 연구했으며, 1773년 수리론을 태양계의 천체 운동에 적용하여 태양계의 안정성을 발표했다.

여러 연구의 획기적 성과를 체계화하여《천체역학》을 출판했다.

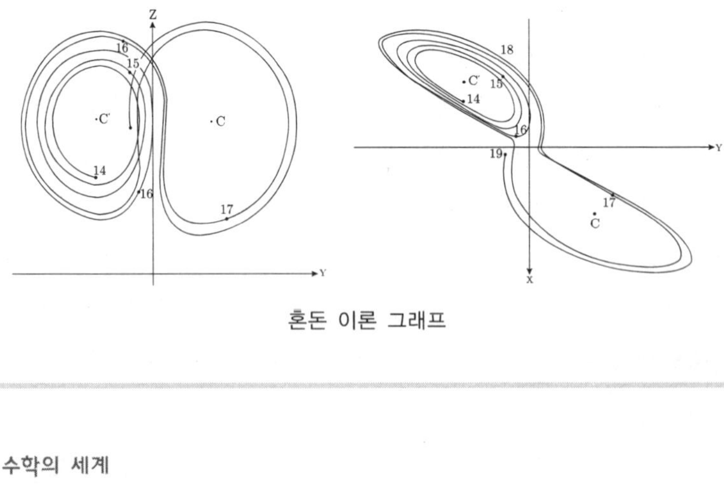

혼돈 이론 그래프

03

무한 이론

3.1 이집트 수학

1858년 겨울, 스코틀랜드의 헨리 린드라는 젊은 골동품 수집가는 휴양 차 이집트에 머물고 있는 동안 테베의 작은 고대 건물 폐허 속에서 발견되었다는 꽤 큰 파피루스를 샀다. 린드는 5년 후 폐결핵으로 죽었고 그 파피루스는 영국의 대영 박물관으로 넘어갔다. 이 문서는 원래 길이가 약 5m, 폭이 30cm 쯤 되었지만 그 전에 사람의 손에 들어가 있으면서 두 부분으로 찢겨져 한 부분이 분실되었던 것이다. 그러나 고고학에서 가끔 생기는 기묘한 우연 덕분에 분실된 부분은 반세기 후에 뉴욕의 역사학회 장서 속에서 발견되었다. 이 문서는 유명한 의학적 파피루스와 함께 수집가인 에드윈 스미스가 손에 넣은 것이었다. 그리고 이것은 파피루스의 모든 것을 이해하는 데 본질적인 논점을 밝히고 있다. 이 문서는 기원전 1700년경에 쓰여진 이집트 수학의 실제적인 입문서이고 학문의 고대 기념비 중 하나다. 또한, 이집트인들이 어떻게 셈을 하고 측량했는지 알아내는 데 중요한 원천적인 자료가 되고 있다.

린드 문서는 B.C. 1788년부터 B.C. 1580년까지 이집트를 지배한 어느 왕의 신하였던 아메스라는 사람이 쓴 것이다. 겸손한 사람이었던 아메스는 책머리에 다음과 같은 주석을 적었다. '이 책은 네에마 시대인 옛날에 만들어진 문서와 비슷하게 베꼈다.' 그가 인용한 오래된 문서는 제12왕조(B.C. 1849 ~ B.C. 1801)로 거슬러 올라간다. 그러나 실마리는 여기서 끊겨 있으며 아메스가 베낀 책이 가장 오래 된 책의 복사판인지는 확인할 수 없다. 또한 이 파피루스는 어떤 독자를 예상하며 쓴 책 인지도 분명치 않다. 다시 말하면 큰 책인지 작은 책인지, 학자를 위한 요약서인지 사무관을 위한 입문서인지, 학생을 위한 교과서인지도 알 수 없다. 이집트인은 실제적인 민족이며 사색적이고 추상적인 연구에 그다지 몰두하지 않았기 때문에 수학적 지식에 위대한 공헌을 하지 않았다고 전해져 왔다. 그럼에도 불구하고 역사가나 문학사를 연구한 사람들은 이집트 수학을 과소평가한 채로 지나칠 수 없다. 린드 파피루스에 기록된 내용은 비교적 간단한 원리지만 역시 중요한 수학적 성과이며 그중 몇몇 문제는 현대의 일반 지식인이라도 풀기 어려울 정도다. 린드 문서를 하나의 논문으로 본다는 것은 잘못된 생각이다. 이것은 수학의 연습 문제와 예제를 모은 것으로, 생략해서 쓰였거나 어떤 경우에는 은어적인 형태로 쓰여 있다.

제1장은 2를 홀수로 나눈 답인 2/3부터 1/101까지를 표로 싣고 있다. 이집트인들은 단위 분수만을 다루었다. 때문에 다른 분수를 모두 단위 분수의 꼴로 고칠 필요가 있었고 그 표와 같은 변형은 필연적이었다. 2/3만 특별한 기호로 나타냈고 그 이외의 분수는 모두 1을 분자로 하는 분수의 합으로 표시하지 않으면 안 되었다. 예를 들어 3/4이라는 분수는 1/2, 1/4의 합으로(그들은 + 기호를 사용하지 않았다) 쓰여 졌고, 2/61는 1/40, 1/244, 1/488, 1/610의 합으로 썼다. 이집트인은 수의 계산에는 그토록 숙달되어 있었음에도 불구하고 새로운 기호나 복잡하지 않은 방법을 궁리하지 못했다는 점에 주목할 필요가 있다. 단위 분수는 개량된 다른 방법과 함께 그리스의 수

학자들 사이에서도 계속해서 사용되었다. 예컨대, 아르키메데스와 헤론도 이와 같은 단위 분수를 애용했다. 린드 파피루스에 담긴 문제들은 분수의 사용, 넓이와 부피의 계산, 방정식과 수열의 해법 등과 관련된 85개의 문제가 실려 있으며 그중 쉬운 예를 들어보면,

'10개의 빵을 9사람에게 공평하게 나누어 주는 방법은?'

'지름이 9, 높이가 6인 쌀 창고에 가득 채울 수 있는 쌀의 양은?'

'100개의 빵을 5사람에게 골고루 나누어 주려하는 데 몫이 많은 3사람 것의 1/7이 몫이 적은 2사람의 양과 똑같게 하려면 몫의 차는 얼마로 해야 하나?'

'7채의 집에 7마리의 고양이가 살고 있는데 고양이 1마리는 7마리의 쥐를 잡고, 1마리의 쥐는 7개의 밀 이삭을 먹으며, 1개의 밀의 이삭은 7개의 낟알이 달려 있을 때 7마리의 고양이는 얼마의 밀을 절약할 수 있을까?'

기원전 사람들의 수학 지식이 이 정도에 달했다는 것이 새삼 놀라울 따름이다. 숫자만 봐도 벌벌 떠는 현대인들이 한 번쯤은 깊이 반성해 볼 일이다.

3.2 피라미드

미술에서 가장 우선시하는 것이 아름다움이다. 아름다움의 근본은 서로 얼마나 잘 조화되는가에 달려 있다. 수학에서의 조화는 황금분할을 말한다. 황금분할은 자연에서도 흔히 발견된다. 달걀의 가로, 세로 비에서 그리고 소라껍질이나 조개껍질의 각 줄 간의 비율에서도 발견된다. 그리고 식물들의 잎차례, 가지치기, 꽃잎 등에서도 발견되며, 초식동물의 뿔, 바다의 파도, 물의 흐름 나아가 태풍, 은하수의 형태에서도 발견된다. 최근 태양계 내의 각 행성 간의 거리가 임의적인 것이 아니라 피보나치수열에 따르는

등각나선으로 배열되어 있다는 주장이 제기되고 있어 흥미를 끌고 있다.

황금분할은 우리의 인체에도 반영되어 있다. 인간의 신체가 이 비율에 의해서 분할되어 있으며 아름다운 몸의 보편적 기준이 되고 있다. 이것은 레오나르도 다빈치의 인체비율에 대한 그림에서도 찾아 볼 수 있다. 이 뿐만 아니라, 인체의 각 부위들도 또 그 자체 황금분할을 이루고 있다.

고대때부터 인체의 이상적 비례를 정확히 인식하고 있었다는 것은 고대의 조각상의 분석을 통해서 확인할 수 있다. 가장 아름다운 조각품 중 하나는 우리나라의 불상이고 다른 하나는 그리스의 조각품이지만, 둘 다 마치 황금비를 의식하면서 디자인한 듯 정확히 일치하고 있다. 이러한 비례는 인공물 가운데서도 얼마든지 찾아볼 수 있다. 그 가운데 무엇보다도 우리를 경이롭게 하는 것은 피라미드다.

피라미드는 인류 역사상 사람들을 가장 매료시킨 건축물이다. 규모의 장대함에서도 사람을 압도하고 있지만 그보다 5천 년 전의 지식수준으로는 불가능한 고도의 수학적 배경으로 만들어진 것이 불가사의하다. 때문에 피라미드가 이집트 문명이 시작되기 이전부터 존재했다는 주장과 그 훨씬 이전에 사라진 태고의 고대 문명의 유산이라는 주장도 제기되고 있다.

피라미드는 정사각형 토대 위에 쌓아 올린 삼각뿔의 형태로 밑변 한 변의 길이는 230.4m이고 높이는 146.6m다. 변 AB를 1로 했을 때 다른 높이의 값을 환산해 보면 여기서도 유명한 황금비인 0.618034가 나타나고 있음을 알 수 있다. 물론 높이를 1로 하고 환산하면 1.618034가 나온다.

황금비율이란 편의상의 문제며 이것은 우연의 문제일까? 만일 그렇다면 피라미드가 수평면에 대한 경사 각도가 51도 50초인 것이 부자연스럽지 않은가? 임의적으로 설계된 것이라면 가장 측정하기 쉬운 45도 각도로 쌓아 올리지 않았을까?

이보다 더 확실한 이유가 있다. 놀랍게도 높이 0.78615에 2×3.14를 하면 4.937002가 나오는데 이 피라미드의 둘레 값과 같다(0.618034×8=4.944272). 수치상에 약간의 오차가 있는데 π값을 3.14라고 두고 계산했기 때문이다. 보다 정밀한 π값을 적용하면 그 오차는 더 줄어든다. 이는 무엇을 의미하는 것일까? 피라미드의 높이는 원의 반경에 해당하고 둘레는 원의 둘레를 의미하는 것이 분명하다. 그렇게 의도된 설계가 아니라면 이렇게 정밀하게 일치할 리가 없다. 사실 0.618034라는 수는 신기한 수이다. 이것을 0.78615로 나누면 신기하게도 0.78615가 나오기 때문이다. 다시 말해서 0.78615를 제곱하면 황금비 0.618034를 얻을 수 있다. 뿐만 아니라, 두 각 38도 10초와 51도 50초가 주어졌을 때 tan38.10은 cos38.10과 같다. 이 둘이 일치하는 것은 오직 이 각도뿐 이다. 고대 그리스인들이 황금비율을 신의 비율이라고 한 것도 이해가 간다. 플라톤은 황금비율을 모든 수학적 관계를 통합시키는 최고의 수이고 우주의 비밀 열쇠라고 말하고 있다.

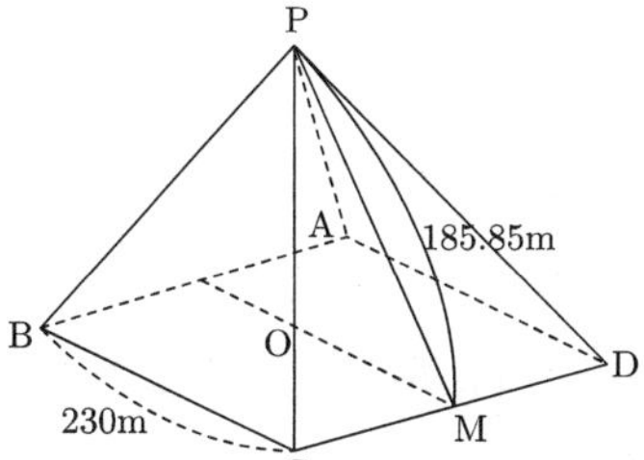

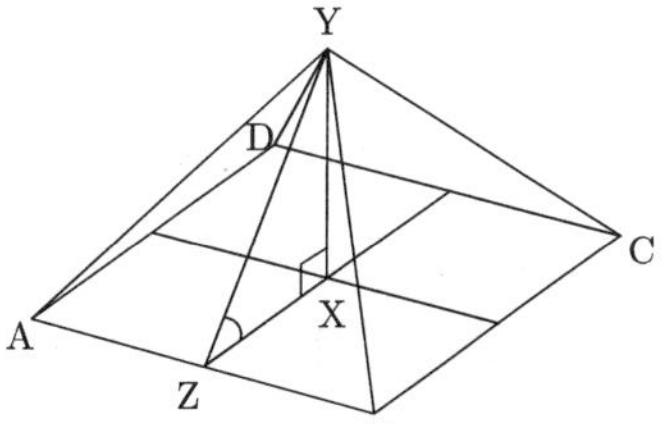

피라미드의 황금비율

3.3 신년 퍼즐

다사다난했던 한해를 뒤로하면 새로운 해가 온다. 그러나 새해에는 항상 기대 반 걱정 반의 여러 가지 변화와 어려운 시련의 한파가 예고되고 있다. 세계는 이미 한 틀 속에서 도미노 현상이 생기기 때문에 우리만 잘한다고 문제가 생기지 않는다는 보장이 없다. 그럼에도 불구하고 한국 수학계에는 엄청난 일이 있는 해이다. 그것은 아시아에서는 3번째가 될 수도 있는 세계 수학자대회를 결정하는 해이기 때문이다. 세계 수학자대회는 1900년 프랑스 파리에서 시작되었고 1, 2차 세계전쟁기간 동안에 잠시 중단됐으나 현재까지 세계 수학자들이 4년마다 한 자리에 모여 세계 수학의 미래에 관해 논하는 자리다. 아시아에서는 처음으로 1990년 일본 교토에서 개최되었고, 2002년 중국 북경에서 열린 적이 있다. 이 자리에서 그 유명한 필즈상이 수여된다. 4년을 기다리다가 40세 이하의 수학자에게 세계적인 난제를 해결한 공로로 주어지는 큰 상이다. 아시아에서는 3명의 일본 수학자와 1명의 중국 수학자만이 이 상을 수상하는 영광을 안았을 뿐이다. 작년 2010년도에는 인도 뉴델리에서 개최되었고 그 다음은 2014년도 개최지를 결정한다. 현재에는 브라질과 캐나다, 그리고 우리나라가 대회 유치를 신청하여 치열한 신경전을 벌리고 있는 상황이다.

요즘 수학은 암호학의 발전으로 말미암아 가히 퍼즐을 푸는 수준에서부터 우주의 신비를 푸는 문제까지 접근성이 무척이나 다양해 졌다. 예컨대 문자로 된 대수 문제에서 아무 힌트 없이 각 문자에 해당하는 숫자를 알아 낼 수도 있다. 예를 들면, LETS + WAVE = LATER 이라면 이것은 1567 + 9085 = 10652 와 같다는 의미다. 왜 그럴까? 문제를 자세히 살펴보면 뒤에 있는 L은 덧셈의 결과로 나온 수이다.

이 L를 얻기 위해서는 L과 W가 어느 것도 9보다 클 수는 없다는 결론이다. 뿐만 아니라 L은 0도 아니다. 따라서 L은 1일 수밖에 없다. 그렇다면 W는 8이거나 9일 수밖에 없다. W와 L=1을 더해 자리 올림을 해야 하기 때문이다. 그런데 W가 8이 될 수는 없다. 만일 W가 8이면 A는 0이 돼야 하므로 L+W=1+8을 10으로 끌어올리기 위해서는 E와 A를 더할 때 자리 올림을 해야만 한다. 그런데 A=0이므로 E는 9일 수밖에 없다. 그리고 T와 V를 더해서 E가 T와 같지 않도록 자리 올림을 해야 한다. 이상을 정리해 보면 1ETS+90VE=10TER 이 식에서는 T+V=E가 되는 수를 찾아야 한다. 9는 이미 사용했기 때문에 V는 9가 될 수 없다. 이때 T는 2가 될 수 없다. 만일 T가 2면 E는 1이고 1은 이미 사용된 수다. 만일 T가 3이면 E는 2가 되고 수식은 123S+9082=1032R이 된다. 9와 8이 사용되었기 때문에 S는 7보다 커서는 안된다. 만일 T가 4이면 E는 3이 되고 만일 S가 7이면 R이 0이 된다. 0은 이미 사용되었기 때문에 T는 4가 될 수 없다. 같은 방법으로 T는 5도 될 수 없다. 이제 T가 6이면 E가 5가되고 156S+9085=1065R이 된다. 이제 S가 7이 되면 R은 2가되어 우리의 문제는 해결되었다.

이런 문제들이 풀기에는 쉽지 않지만 논리력과 추리력을 키우는 데는 무척 효과적이다.

이런 문제를 게임하는 기분으로 한번 도전해보라고 문제를 출제하니 독자들도 한번 도전해보기 바란다.

(문제) SEND+MORE=MONEY에 적합한 숫자를 찾아라.

3.4 궤 변

그리스 신화 트로이 전쟁의 영웅 아킬레스는 발이 빠른 영웅으로 알려져 있다. 이런 아킬레스도 느리기로 둘째가라면 서러워할 거북이와 달리기 시합을 하더라도, 앞서 출발한 거북이를 따라잡을 수 없다는 유명한 역설이 있다. 누구나 실제로는 불가능하다는 것을 알고 있으면서도 이 역설이 오늘날까지도 귀에 솔깃한 데는 무슨 이유가 있는 것일까? 물론 역설인지 아닌지 구분하는 기준이 있는 것은 아니다. 조금만 생각해봐도 모순임이 분명하기 때문이다. 우리는 '궤변'수준에 불과한 것을 역설이라 하기도 하고, 실제로는 모순이 아니지만 상식에는 어긋나 보이는 것을 역설이라 부르는 경우도 있다.

죄수 두 명이 있었다. 그중 한 명은 수학교수였고, 다른 한 명은 그 교수의 제자였다. 그 둘은 나쁜 범죄를 저질러 사형을 당하게 되었다. 법무부 장관은 사형 전 사형수의 마지막 소원을 들어주는 관습에 따라, 살려달라는 소원을 제외하고는 그들의 소원을 한 가지씩 들어주기로 했다. 먼저, 수학교수에게 소원이 무엇인지 물었다. 그러자 그 교수는 "내 마지막 소원은 제자인 저 학생에게 마지막으로 수학을 강의하는 겁니다."라고 말했다. 별로 어려운 부탁이 아니라고 생각한 사형 집행자들은 그 소원을 들어주기로 했다. 그리고 이번에는 학생에게 가서 죽기 전에 마지막 소원이 무엇인지 물었다. 그 학생은 잠시 생각하고 나서 다음과 같이 말했다. "별로 어렵지 않은 소원입니다. 내 마지막 소원은 저 교수님이 저에게 수학을 강의하기 전에 제가 먼저 사형당하는 겁니다."라고 대답했다. 어렵지 않은 소원이라고 생각하고 사형 집행자들은 그 학생의 소원을 들어 주기로 합의했다. 그리고 난 후, 사형 집행자들은 고민에 빠질 수밖에 없었다. 왜냐하면 교수의 소원을 들어주려면 학생에게 수학 강의를 듣게 해야 하고 학생의 소원을 들어주려면 강의하기 전에 먼저 사형시켜야 했기 때문이다. 결국 그들은 어느 누구도 사형시킬 수 없었다는 웃지 못할 이야기다. 이런 이야기는 논증의 궤변을 단편적으로 설명하는 내용이다.

궤변이란 간단히 말하면 이치에 닿지 않는 변론을 이르는 말로, 언뜻 들으면 옳은 것 같지만 실은 이치에 닿지 않는 말을 억지로 둘러대어 합리화시키는 허위적인 변론을 일컫는 말이다. 상대방을 속여 거짓을 참으로, 참을 거짓으로 잘못 생각하게 하거나 거짓인 줄 알면서도 상대방이 쉽게 반론할 수 없게 하려고 사상적 혼란이나 감정, 자부심 등을 교묘하게 이용해 말하는 경우가 있다. 때문에 궤변은 처음부터 어떤 진실을 밝히기 위한 것이 아니라 다른 목적을 위해 꾸며 말하는 경우가 많다.

역설은 추론이란 점에서는 같지만 전혀 다른 유형의 추론이라 할 수 있다. 역설은 흔히 배리, 역리, 또는 이율배반이라고도 한다. 명확한 역설은 분명한 진리인 배중률에 모순되는 형태로 인도하는 것이 보통이다. 예부터 알려진 역설에는 다음과 같은 것이 있다.

거짓말쟁이의 역설로는 신약성서 가운데 디도서(1:12)에 "그레데인(人) 중에 어떤 선지자가 말하되, 그레데인들은 항상 거짓말쟁이며"라는 구절이 있다. 그런데 선지자 자신이 그레데인이므로 이 경우 '그레데인은 항상 거짓말쟁이'라는 말을 긍정하건 부정하건 간에 모순을 낳는 것이므로 역설이다. 이 역설에 관해서는 예전부터 많이 논해 왔지만, 전칭명제의 부정은 특칭명제가 되는 점에 의문의 여지가 있다.

수학의 집합론에 관련해서는 다음과 같은 역설이 지적되며, 이를 조정하기 위해 수학 기초론이 발달했다. 리처드 베리의 역설은 '18자 이내로 정의할 수 없는 최소의 자연수'라고 말할 때, 이 자연수는 정의할 수 없다고 하지만, 사실은 바로 18자로 된 말로 정의되었다. 그 외에도 러셀의 역설을 쉽게 설명한 것은 다음과 같은 것이다. 만약 어떤 마을에 자신의 머리는 이발하지 않고 다른 사람의 머리만을 이발해주는 이발사가 있다고 하자. 이 이발사는 자신의 머리를 스스로 이발해야 할까? 만약 스스로 이발 하지 않는다면, 그 전제에 의해 자신이 자신을 이발시켜야 하고, 역으로 스스로 이

발을 한다면, 자신이 자신을 이발시켜서는 안 된다는 역설이다.

3.5 제논의 역설

고대 그리스 수학자인 엘리아의 제논은 다음과 같은 역설(패러독스)을 제시했다. '달리기 선수인 아킬레스는 거북이보다 10배 빠르게 달릴 수 있다. 그는 거북이가 1km 앞서서 달리도록 하고 경주를 시작했다. 아킬레스가 10km 달렸을 때 거북이는 1km를 앞서 있다. 아킬레스가 다시 1km를 쫓아갔을 때 거북이는 여전히 1/10km만큼 앞서 있다. 이 과정은 무한히 반복되어 거북이는 항상 아킬레스보다 얼마만큼은 앞서 있다.'

그래서 아킬레스가 이 경주에서 거북이를 이기지 못한다는 것이 그의 역설이다.

또한 그리스의 철학자 유불리데스에 의해 제기되었던 역설은 다음과 같다. '한 줌의 모래로는 모래더미를 만들지 못하고, 여기에 한 줌의 모래를 더한 두 줌의 모래로도 모래더미를 만들지 못한다. 모래더미를 이루지 못한 것에 모래 한 줌을 더한다 해도 모래더미를 만들 수는 없다. 따라서 모래더미를 만드는 것은 불가능하다.'

이와 같은 맥락에서 제논은 선분 위에 있는 점들에 대해서도 조사했다. 그리고 다음과 같은 역설을 주장했다. '만일 점이 면적을 갖고 있지 않는다면 다른 점을 원래의 한 점에 더해도 역시 면적을 갖지 않는다. 그런데 만일 점이 면적을 갖지 않는다면 선분은 무한개의 점들로 이루어졌기 때문에 선분은 면적을 갖지 못한다.'

왜 이런 역설이 나왔을까? 이런 역설은 2000년 이상 거의 아무도 해답을 찾을 수가 없었고 반박도 할 수 없었다. 그러나 18세기 문예부흥 이후에 무한 개념과 극한 개념이 만들어진 다음에 비로소 그 해답을 찾을 수가 있었다.

예를 들어 0.999999999.... 는 1과 같다는 논리를 받아들일 수 없었고 또 0.1, 0.01, 0.001, 0.0001... 이런 방법으로 무한하게 계속되면 0에 한없이 가까워진다는 것을 몰랐다.

하지만, 현대에는 미적분 개념이 정립되어 있으므로 극한 개념을 이용하여 제논의 패러독스를 해결해 보면, 아킬레스는 $9999\frac{1}{9}$m 되는 점에서 만나게 된다. 만약, 경기장의 트랙이 이보다 짧다면 거북이가 승리할 것이고, 이보다 크다면 아킬레스가 이기게 될 것이다.

이것 말고도 모든 운동은 없다고 주장하는 패러독스도 있는데, 이것도 극한의 개념이 빠진 것으로, 오늘날에는 역설을 위한 역설에 불과할 뿐이다.

'내가 말하고 있는 것은 거짓말이다'라는 문장(S)의 진위를 생각할 경우 가령 S가 참이라고 한다면 이 문장의 내용 그대로 'S는 거짓이다'라고 인정하는 것이 되고 만다. 또한, 가령 S가 거짓이라고 한다면 S가 말하는 것은 참이 된다. 즉, S를 참이라 가정하든 거짓이라 가정하든 간에 석연치 않은 결과가 된다. 이 예문처럼 자기 자신이 거짓임을 말하는 명제를 인정하는 데서 생기는 역설을 일반적으로 '거짓말쟁이의 역설'이라고 한다. 이 역설은 이미 B.C. 4세기부터 논리학자들 사이에서 거론되었고, 특히 중세에 와서는 여러 가지 해결책이 제시되었다. 그러나 결국 이 문제를 해결한 사람은 20세기 폴란드의 수학자 알프레드 타르스키(Alfred Tarski, 1902~1983)다. 그는 일반적으로 어떤 사실에 관해서 말하는 언어와 그 언어에 관해서 말하는 언어(가령 어떤 명제의 진위를 논하는 말)는 계층을 달리해야 한다고 생각했다.

이렇게 볼 때 앞서 나온 S와 같은 명제는 논리상의 문법 위반을 범하고 있는 가짜 문장이라고 볼 수 있다.

3.6 무한의 개념

무한대란 말은 있지만 무한대의 개념을 이해하는 것은 절대 만만치 않다. 중세 이전만 하더라도 무한의 개념은 신의 속성이라 하여 인간은 감히 넘볼 수 없었다. 그러나 17세기 계몽주의가 도래하면서 이른바 신의 속성이라는 무한의 개념에 도전하였고 무한을 셀수 있다고 주장한 칸토어의 집합의 농도 이론이 출현한 후, 급속한 발전을 이루게 되었다. 그 후 극한의 이론이 나오면서 미분 적분학과 해석학의 발전을 가져오게 된다.

우리는 간단한 숫자 7을 쉽게 이해할 수 있으며 10억이란 수를 병속에 있는 모래알 등으로 표현할 수 있다. 그러나 무한대란 양은 끝이 없다. 무한대에 대한 물리적인 느낌을 얻을 수 있는 매우 흥미로운 방법은 엘리베이터 양쪽에 붙어 있는 거울에 자신의 모습을 비쳐 보면, 수없이 많은 자신의 모습에서 쉽게 찾을 수 있다.

대부분의 사람들은 무한이란 양은 매우 큰 공간에서만 일어날 수 있다고 생각하지만 아주 작은 선분 상에도 무한개의 점이 있다. 이를 증명해 보이기 위해서 임의의 두 점 사이에서 있는 다른 점을 찾을 수 있다는 아이디어를 이용한다. 아무리 작은 선분 위에도 그 두 점 사이에 있는 다른 점을 찾을 수 있고 또 가운데 있는 점과 원래의 점 사이에도 또 다른 사이의 점을 찾을 수 있다. 이러한 과정은 끝없이 되풀이 되므로, 무한개의 점들이 존재한다고 말할 수 있다.

무한의 개념에 대한 또 다른 이야기는 벼룩의 이야기를 통해서 이해할 수 있다. 벼룩 한 마리가 처음에는 힘있게 뛰지만 그 다음 번에는 힘이 부족하여 처음에 뛴 거리의 절반밖에 뛰지 못하는 벼룩이 있다고 설정한다. 옆에 친구 벼룩이 만일 네가 남아 있는 거리의 절반만을 뛴다면 너는 결코 방을 건너갈 수 없다고 말했다. 벼룩은 그 말을 듣고 나는 이 방 끝까지 갈 수 있다고 호언장담했다. 시합이 시작되고 벼룩은 처음의 1/2을 뛰었고, 그 다음번에는 남은 거리의 절반인 1/2 즉, 전 거리의 1/4을 뛰었다. 벼룩은 계속 뛰었으나 항상 남아 있는 거리의 1/2을 뛰었기 때문에 벼룩이 뛰어갈 거리가 1/2씩 남아있고 포기하지 않는 한 영원히 계속된다는 것을 마침내 깨닫게 되었다는 이야기다.

이렇듯 무한대의 개념은 하나의 숫자로는 나타낼 할 수 없는 무한한 양이지만 매우 큰 공간뿐만 아니라 매우 적은 공간인 엘리베이터 안에서도 발견되고 또 작은 선분 안에도 존재함을 알 수 있다. 이런 개념이 왜 이리도 중요할까? 이유는 간단하다. 인간이 비록 코끼리보다 작고 사자보다 용맹스럽지 못하고 독수리처럼 날지 못하고 표범보다 빠르지 못하지만 도구를 사용할 줄 아는 능력을 갖고 있기 때문에 만물의 영장 자리에서 그들을 지배할 수 있는 것이다. 그런데 이런 도구를 만드는 기술의 밑바탕에는 과학이란 이론적인 뒷받침이 있다. 과학이란 상상력을 동원해서 세우는 학문이며 상상력을 키우는 가장 훌륭한 실습장이 바로 무한이란 개념이다.

매년 대교협에서 그 다음해의 입시에 관한 여러 가지 기준과 모형을 만들기 위해 많은 준비를 하고 있다고 한다. 그리고 사람들은 경쟁 속에서 살아남기 위해 무엇을 해야 하는지 고심하고 있다. 수많은 상상력을 동원해서 가장 개성적인 아이디어를 갖지 않고는 살아남기 힘든 세상이 되었기 때문이다. 여러분들은 무한의 개념을 많이 실습하여 남들이 생각하지 못한 새로운 상상력을 동원해 성공하길 바란다.

3.7 원주율의 속내는?

파이(π)는 우리에게 너무나 친숙하고 널리 사용되고 있는 수이다. 그러나 중학교 시절부터 익히 들어온 파이도 사람들이 잘 알지 못하는 듯하다. 파이를 물어보면, 대개 3.14라고 하거나 원의 넓이나 반지름이 1인 원둘레의 1/2이라는 대답 정도다. 또 어떤 학생들은 각의 크기를 라디안 단위로 표시할 때 쓰인다고 한다. 어떤 사람은 원주율이라고 말한다. 모두가 틀린 말은 아니다.

파이란 원의 둘레인 원주의 지름에 대한 비율로 원주율을 말한다. 실제로, 모든 원은 닮은 도형이므로 원의 둘레의 길이인 원주는 그 원의 지름에 비례한다. 이때 비례상수, 즉 (원둘레/지름)=π를 원주율이라 한다. 옛날에는 이 원주율의 값을 3으로 표기한 기록이 있다. 구약성경의 〈열왕기상〉 7장 23절과 〈역대하〉 4장 2절에 보면 '그 직경이 십규빗이요, 그 모양이 둥글고 ... 주위(원둘레)는 삼십규빗줄을 두를 만하며'라는 구절이 있는데, 이것은 지름이 10인 원의 둘레가 지름의 3배인 30이라는 것으로 원주율을 3으로 사용하고 있었다는 것을 알 수 있다. 그 유명한 《탈무드》에도 '원둘레가 손 너비 셋이면 지름은 손 너비 하나'라는 구절이 있는데 이것은 지름이 10인 원의 둘레가 지름의 3배인 30이라는 것으로 원주율을 3으로 사용하고 있었다는 것을 알 수 있다. 그러던 중 원주율의 근삿값을 소수점 아래 둘째자리까지 정확하게 구한 사람이 있었는데 그가 바로 기원전 3세기경에 학자였던 아르키메데스(Archimedes, B.C. 287~B.C. 212)다. 그는 원주율을 구하기 위해서 원의 둘레의 길이를 구하려고 했지만 문제는 원의 곡선으로 정확한 길이를 측정할 수 없었다. 그래서 그는 원의 둘레의 길이는 원에 내접하는 정다각형의 둘레의 길이보다는 크고 원에 외접하는 정다각형의 둘레의 길이보다는 작다는 사실에 착안하여 원에 내접하는 정육각형과 원에 외접하는 정육각형을 그렸다. 또한 변의 개수를 두 배로 늘려서 원에 내접하는 정12각형, 정24각형, 정48각형 그리고 정96각형을 그렸고 외접하는 정다각형도 같은 방법으로 그렸다. 이 사실로부터 원의 내접하는 정96각형의 둘레의 길이인 3+10/71과 원에 외접하는 정96각형의 둘레의 길이인 3+1/7 사이에 원둘레가 있다는 사실을 알아냈다. 그래서 원주율은 3.13805... 〈 원주율 〈 3.142857... 인 사실을 얻어냈다. 이것은 원주율은 3.14, 즉 소수점 아래 둘째자리까지 정확히 구해낸 것이고, 원둘레는 원의 지름의 약 3.14배라는 사실이다.

고대의 계산 기법을 가지고 이렇게까지 정확하게 계산한 것은 실로 대단한 것이다. 그러나 소수점 아래 둘째자리까지 맞춘 것보다 더 주목해야 할 사실은 다각형법이다. 아르키메데스의 이 방법을 사용하면 계산이 복잡하기는 하지만 얼마든지 원하는 만큼 정확하게 원주율의 값을 계산해낼 수 있다는 것이다. 즉, 정다각형의 변의 개수를 2배씩 계속 늘려갈수록 점점 더 정확한 원주율의 값을 얻을 수 있다.

실제로 16세기 독일의 수학자인 루돌프 반 큘렌(Ludolph Van Ceulen, 1540~1610) 교수는 원둘레를 계속 2등분하여 결국 원에 내접하는 다각형과 외접하는 다각형의 원둘레를 찾아내어 원주율을

3.14159263589793238426343832795028 8

과 같은 소수점 아래 35자리까지 계산했다. 원에 내접하는 정다각형과 외접하는 정다각형을 이용하여 원주율을 이만큼 계산했다는 것은 정말로 대단한 일이다. 루돌프 교수는 원주율의 소수점 아래 35자리까지 계산하는데 그의 일생을 바쳤고, 죽을 때에도 자신이 계산한 원주율의 값을 묘비에 새겨 달라고 유언했다고 한다.

실제로, 지금은 원주율을 무한급수의 합으로 계산하는 방법이 보편화 되었고 컴퓨터의 발전으로 우리나라의 수학 대사전에는 이 소수점 아래 1,000자리까지 계산되어 있다. 그러나 아무리 소수점 아래를 계속 구해 나가도 정확한 원주율은 구할 수 없다. 왜냐하면, 원주율의 값은 순환하지 않는 무한소

수, 즉 무리수이기 때문이다. 이처럼 순환하지도 않고 소수점 아래로 끊임없이 계속되는 수, 그러면서도 일정한 수인 원주율 3.141592653589793239... 을 π로 나타내기 시작한 것은 18세기 프랑스 수학자 레온하르트 오일러(Leonhard Euler, 1707~1783)에 의해서다. 오일러는 원둘레를 뜻하는 그리스어 'πρτχετετα'의 첫 번째 글자를 따서 원주율을 π로 나타내었는데, 이 표시 방법을 지금도 보편적으로 사용하고 있다. 그러나 원주율(π)은 그 끝을 알 수 없는 무리수(두 정수의 비로 나타낼 수 없는 수)이고 초월수(대수 방정식의 근이 되지 못하는 수)이며, 어떤 특정한 규칙이 없기 때문에 π의 값을 구하는 데는 엄청난 계산 과정이 필요하다.

즉, π= 3.1415926535....

1997년 일본 동경(東京)대 대형계산기 센터의 가나다 야스마사(金田康正) 교수팀이 최신 슈퍼컴퓨터를 이용하여, 원주율(π)을 소수점이하 515억자리까지 밝혀냄으로써 이 분야의 세계기록을 경신했으며, 2002년 일본 동경대 연구팀은 슈퍼컴퓨터를 4백 시간 동안 돌려 π값을 1조 2천4백억 자리까지 계산했다.

한편 미국, 유럽 등에서는 3월14일을 '파이(원주율, π)'의 날이라고 하기도 한다.

원주율 π=3.1415926535 8979323846 2643383279 5028841971

6939937510	5820974944	5923078164	0628620899	8628034825
3421170679	8214808651	3282306647	0938446095	5058223172
5359408128	4811174502	8410270193	8521105559	6446229489
5493038196	4428810975	6659334461	2847564823	3786783165
2712019091	4564856692	3460348610	4543266482	1339360726
0249141273	7245870066	0631558817	4881520920	9628292540
9171536436	7892590360	0113305305	4882046652	1384146951

9415116094 3305727036 5759591953 0921861173 8193261179

3105118548 0744623799 6274956735 1885752724 8912279381

8301194912 9833673362 4406566430 8602139494 6395224737

1907021798 6094370277 0539217176 2931767523 8467481846

7669405132 0005681271 4526356082 7785771342 7577896091

7363717872 1468440901 2249534301 4654958537 1050792279

6892589235 4201995611 2129021960 8640344181 5981362977

4771309960 5187072113 4999999837 2978049951 0597317328

1609631859 5024459455 3469083026 4252230825 3344685035

2619311881 7101000313 7838752.....................................

3.8 패러독스

기원전 500년경 그리스 철학자인 제논은 반박하기 어려운 문제들을 내놓고 많은 사람들을 당황하게 만들었다. 이러한 어려운 문세 중에 아웃배반적인 이야기를 우리는 역설이라고 한다. 제논은 이러한 역설들 때문에 인기가 없었고, 급기야는 왕에게까지 미움을 받아 무참히 처형되고 말았다고 한다. 처형 당시 그는 형장에서 마지막으로 왕에게 직접 전해야 할 중대한 비밀이 있다며 왕에게 가까이 다가가 왕의 귀를 물어뜯었다. 왕을 호위하고 있던 병사들의 칼로 목이 잘려진 후에도 그의 목이 왕의 귀를 물고 있었다는 전설이 남아있을 정도니 그가 얼마나 집념이 강한 사람이었는지 짐작이 간다. 제논의 역설 중에 가장 유명한 것이 '아킬레스와 거북이의 달리기 경주'다. 이 역설은 거북이가 먼저 출발한 상황에서는 달리기 선수인 아킬레스가 아무리 빨리 달려도 거북이를 따라잡을 수 없다는 것을 논증한 것이다.

좀더 자세히 설명하면, 마라톤 선수인 아킬레스가 자기보다 앞에 달려가는 거북이를 쫓는다고 하자. 거북이의 걸음이 아무리 늦더라도 아킬레스가 원래 거북이 있던 곳까지 달려갈 동안 거북이는 얼마쯤은 전진해 있다. 다음에 아킬레스가 다시 거북이가 있던 두 번째 지점까지 왔을 때 거북이 역시 얼마쯤 전진해 있다. 다시 아킬레스가 거북이가 있던 세 번째 지점에 왔을 때 거북이도 마찬가지로 얼마쯤은 전진해 있다. 이러한 이유 때문에 아킬레스는 언제까지나 거북이를 추월할 수 없다는 것이 제논의 역설이다. 우리는 그의 결론이 분명 잘못됐다는 것을 알면서도 논증 중 정확히 어디가 잘못된 것인지 반박하기가 쉽지 않다.

좀더 이해하기 쉽게 숫자를 대입해서 하나하나 따져보자. 가령, 아킬레스의 속도를 거북이의 10배라 하고 아킬레스는 거북이의 100미터 뒤에서 달린다고 가정하자. 아킬레스가 100미터를 달려가서 본래 거북이가 있던 자리까지 오게 되면 그 사이에 거북이는 100미터의 10분의 1지점인 10미터만큼 전진해 있다. 아킬레스가 또 10미터를 달려가서 거북이가 있던 자리까지 오면 거북이는 10미터의 10분의 1인 1미터만큼 전진해 있다. 때문에 거북이와 아킬레스와의 간격은 점점 가까워지기는 하지만, 거북이는 아킬레스보다는 항상 조금씩 앞서 있다. 따라서 아킬레스는 거북이를 추월할 수 없다는 것이 이른바 제논의 역설이다.

우리는 이 제논의 역설을 문제 풀이 과정을 통해 모순점을 찾아보기로 하자. 제시된 이야기에서는 거리를 문제 삼고 있지만, 우리는 시간에 초점을 맞춰보자. 우선 아킬레스가 100미터를 달리는데 10초가 걸린다고 하자. 그러면 아킬레스가 처음 거북이가 있던 곳에 도달하는 시간은 10초가 걸린다. 이 사이에 거북이는 10미터 앞에 가 있다. 아킬레스가 10미터를 따라오는 데는 1초가 걸린다. 이 1초 동안에 거북이는 1미터를 또 전진해 있다. 아킬레스가 1미터를 따라가서 거북이가 있는 곳까지 도달하는 시간은 10분의 1초가 걸린다. 즉 아킬레스가 거북이를 따라가는 데 걸리는 소요시간을 모두 합하면,

10+1+1/10+1/100+.......이 된다. 이 무한급수의 합을 계산하면 급수의 합은 초항이 10이고, 공차가 1/10인 급수의 합을 내는 공식에 대입하면 100/9이 됨을

쉽게 알 수 있다. 결국 이 제논의 역설을 시간에 대한 문제로 생각했을 때 아킬레스는 거북이를 100/9초 이내에는 따라 잡을 수 없다는 사실에 도달하게 된다.

이 문제를 변형한 여러 형태의 문제 중에서 한 문제를 더 살펴보자. 양궁선수가 과녁을 향해 화살을 쏘았다. 이 때, 시위를 떠난 화살은 절대로 과녁에 도착할 수 없다는 역설이다. 다시 말해, 과녁에서 d미터 떨어진 위치에서 화살을 쏘면 화살이 과녁까지의 거리 1/2 만큼 도달하는 데 걸리는 시간은 t_1이 흐르고 다시 남은거리의 1/2만큼 도달하는 데는 시간 t_2가 흐른다. 또, 남은 거리의 1/2만큼 도달하는 데 걸리는 시간은 t_3이 흐른다. 이를 무한이 반복하면 $t_1, t_2, t_3, ...$의 값이 점점 작아진다. 하지만 시간은 계속 흐르고 과녁에 화살이 도달하려면 무한이 많은 시간이 흘러야 되기 때문에 결국 화살은 과녁에 도달하지 못한다는 것이다.

이 문제의 풀이 과정 모순점도 제논의 역설과 같다. 화살이 이동한 거리와 시간은 비례하므로 만일 처음 걸린 시간이 1초라면 t_2=1/2, t_3=1/4, t_4 =1/8....되어 이들의 총 시간의 합은 $1+\frac{1}{2}+\frac{1}{4}+\frac{1}{8}+\cdots$이 된다. 이 무한급수의 합은 $\frac{1}{1-\frac{1}{2}}$이 되고 이 값은 2가 되므로 화살은 2초가 지나면 과녁에 도달하게 된다.

제논 호 엘레아(Zenon ho Elea, B.C.495 ~ B.C.430)

B.C. 5세기 파르메니데스의 제자이자 엘레아학파의 일원이었던 그리스의 철학자 제논.

3.9 부르바키 학파

같은 수학이라 해도 프랑스인이 하는 수학은 이론 면에서 어딘가 멋있어 보인다. 도이칠란트인은 수학 중에서도 기초면이라고 하는, 겉모양이 별로 좋지 않지만 단단한 벽돌 같은 분야에 파묻히기를 좋아한다. 프랑스인들이 멋있는 이론을 그린다면 이탈리아인들은 그보다 화려한 기하학을 즐기는 경향이 있는 것 같다. 연구소의 운영 방법에 있어서도 그들의 국풍은 부정할 수 없다. 그 좋은 예를 프랑스에서 찾아보자. 세계를 풍미하는 부르바키즘(Bourbakism)이라는 수학의 신흥운동이 프랑스에서 일어났다. 니콜라스 부르바키(Nicolas Bourbaki)라는 이름이 수학계에 등장한 것은 1930년대였다. 이 이름이 나온 책은 처음에 프랑스 어로만 쓰여져 있고 다른 나라 말로 번역되어 있지 않았다. 부르바키가 누구인지도 알 수 없었으나 그가 쓴 책은 독특한 스타일을 가지고 있어 많은 수학자들에게 커다란 영향을 주었다. 2차 대전이 끝나고 파리에 주둔한 미군 장교 중 수학자 출신의 장교가 부르바키를 찾으려 애를 썼다. 그래서 그는 그의 책을 출판한 출판사를 찾아 부르바키의 소재를 물었으나 전쟁 때문에 어디에 가 있는지 모른다는 대답뿐이었다. 미군 장교는 할 수 없이 부르바키의 저서 몇 권을 사들고 돌아올 수밖에 없었다고 한다. 그런데 그 후 부르바키는 실존 인물이 아니고 20세기에 프랑스를 중심으로 10여 명의 수학자들로 이루어진 그룹이라는 것이 판명됐다. 그들은 자기가 '부르바키 그룹'이라는 말은 물론 그 내용에 대해서도 일절 언급하지 않았다. 때문에 부르바키에 관한 여러 가지 전설이 많이 만들어졌다. 어쨌든 과거에 부르바키의 멤버로 활동하다가 은퇴한 사람에 대해서는 한때 그 멤버였다는 것 이외에는 별로 알려진 것이 없다. 그리고 현재 부르바키의 멤버가 최초의 멤버가 아니라는 것만 알려졌다. 프랑스의 우수한 수학자들이면 그 사람은 부르바키의 멤버라는 소문이 돈다. 카타스트로피 이론의 창시자이자 1958년 필즈 메달 수상자인 프랑스 위상 수학자르테 톰(René Thom, 1923~2002) 같은 유명한 학자를 부르바키에서 배출했다.

부르바키 회원들은 1935년부터 현대수학을 집합론을 바탕으로 체계적으로 정리하고 저술 활동을 시작하여 "니콜라스 부르바키"라는 이름으로 책을 발표했다. 그들의 저술은 최대한의 엄밀성과 일반성을 추구한 것으로 유명하다. 부르바키의 정체가 밝혀지기 전까지, '부르바키 그룹'은 공식적으로는 "니콜라 부르바키의 공동 작업자 협회(Association des collaborateurs de Nicolas Bourbaki)"라는 명칭으로 파리의 고등사범학교에 사무소를 두고 활동했다. 나라마다 저마다 특이한 전통이 있다. 프랑스인은 멋쟁이고, 도이칠란트인은 세밀하고, 미국인은 현실적이다 등 국민 한 사람씩 보면 잘 나타나지 않는 그들의 특징도 여러 사람을 모아 놓고 보면 어딘가 다른 나라 사람과 구별할 수 있는 점으로 나타난다. 본래 부르바키는 프랑스 고등사범학교(École Normale Supérieure) 출신 소장파 수학자들이 결성한 집단이었다. 그러나 시간이 지나면서 외국인도 회원으로 받아들이게 되었다. 예를 들면 폴란드 출신 위상수학자 사무엘 알리네베르크(Samuel Eilenberg, 1913~1998), 1966년 필즈 메달 수상자이자 2004년 아벨상 수상자인 영국 대수학자 마이클 아티야(Michael Atiyah, 1929~)등이 있다.

부르바키라는 이름은 소르본 대학의 수학 강의가 지나치게 구태의연한데 자극을 주기 위해 새로운 스타일의 수학 교과서를 집필·출간하면서 사용한 펜네임으로, 프로이센-프랑스 전쟁 당시의 프랑스 장군 이름이기도 하다. 발족 이래 줄곧 현대의 유클리드를 지향하면서 공리론적이고 집합론적인 수법을 통해 수학의 통일을 시도했다. 초기의 멤버는 A.베유, 에레스만, H.카르탕, R.고드망, 새뮤얼, 샤보티, C.슈발레이, 드포셀, 브를로 등이었다. 이후 활동을 지속하면서 대저 《수학원론》을 간행, 현재 34권까지 발간했고, 연중 몇 차례씩 '부르바키 세미나'를 개최해 그 연구 성과를 세미나 노트로 묶어 매년 간행했다. 발족 당시 프랑스에서는 이단시되기도 했으나, 현대수학에 미친 영향력은 매우 컸다. 특히 과거의 다양한 수학 성과를 '공리론적인 비판'이라는 체로 쳐서 받아내 수학의 재편성을 시도했다는 점에서 수학 연구의 성과로 인정받고 있다. 1970년대 들어 부르바키는 수학의 현대화 이념에 맞춰 초·중등 수학교육도 공리주의적으로 재편성할 것을 주장했는데 이때도 르네 톰은 강력한 반대자 중 1명이었다. 수학자들의 비밀집단인 부르바키는 프랑스 대학의 교육과 교재의 빈틈을 채우기 위한 현대적 해석한 교재를 종합적으로 쓰고자 시작했으며, 그동안 총 25권의 수학원론을 펴냈다. 또한 수학 교재를 펴내는 일 이외에 한해에 세 번씩 부르바키 강연회를 1947년부터 1999년까지 해왔다.

일류급의 수학자들 10여 명이 모여서 공동으로 책을 낸다는 것은 그렇지 않아도 토론을 좋아하는 프랑스인이니 말이 많으리라는 것을 추측하게 된다. 각자의 고집을 세워서 좀처럼 책이 만들어질 것 같지 않으나, 어떻게 된 셈인지 그들이 내는 책은 하나의 사상으로 통일되어 있고 문장도 같은 사람이 쓴 것 같다. 50년 가까이 되고 그들 멤버도 전부 바뀌었지만 또 그 시간 동안 어떤 성장이 된 것도 틀림없다. 특수한 단체라 여러 가지 서로 다른 요소가 들어 있음에도 불구하고, 이와 같은 그룹이 50년이나 계속 이어진다는 것이 이상스럽기도 하다. 그러니 부르바키에 대한 여러 가지 전설이 내려오는 것이 어쩌면 당연할지도 모른다. 그런데 그런 이야기 중에는 그들 자신이 유포시킨 것도 있다. 어떻든 프랑스인이 아니면 생각할 수 없는 수학자의 연구 단체가 부르바키인 것이다. 물론 모든 수학자가 부르바키를 좋아하는 것은 아니며, 그들의 수학적 사상을 정면으로 반대하는 수학자도 많았다. 그러나 그들이 지향하는 것은 수학의 현대화라는 웅대한 목표라는 것만은 분명하다.

그들은 수학적인 창조력이 약해지면 재미있는 숙청 방법을 사용했다. 그것은 아프리카 일부 지방에서 실시되고 있는 아버지의 숙청 방법과 같다. 아프리카 토인들은 사람이 늙으면 더러운 것으로 여기고 늙기 전에 죽게 하는 것이 그 사람을 위하는 길이라고 생각한다. 물론 자기 아버지도 예외는 아니어서 죽일 정도로 늙었다는 것을 판단하기 위해 이런 방법을 쓴다고 한다. 자식들은 아버지를 높은 야자나무에 올라가게 하고 자식들이 아래서 나무를 흔든다. 나무 위에 있는 아버지가 나무를 잘 붙잡지 못하고 떨어지면 늙었다고 생각하고 자식의 도리로 죽인다는 것이다. 물론 우리의 관점에서는 끔직한 일이지만 그들이 갖는 도덕이 그렇다는 것이다. 부르바키에서는 도태 대상인 나이 든 수학자에게 논리적으로는 틀림없으나, 수학적 내용으로는 가치 없는 명제를 눈치채지 않게 말한다. 그 때 그가 '그런 것은 아무리 생각해도 소용없는 것 같다.'라고 하면 부르바키에 계속 있게 되지만, 그러나 혹 '흠, 흥미있고 재미있다.'라고 하면 단체에서 추방한다고 한다. 수학적 논리를 추구하지 못할 만큼 늙지 않았다 해도 수학적 견식이 없어지면 수학자로서는 일급이 아니라는 것이다. 그들은 매년 한번씩 스페인 또는 스위스 휴양지에서 만나 세미나를 한다고 한다. 그래서 부르바키의 이름으로 세미나 노트가 발행되고 있고, 모두 최신 문제들이기 때문에 세계 수학자들의 관심이 집중을 받는 것이다.

또 부르바키의 이름으로 《수학원론 *Elements de, mathematique*》이 30여 권 발간되어 있다. 이들 책의 이익금은 그들 그룹의 운영 자금으로 쓰인다. 지금 부르바키의 《수학원론》은 거의 대학원 교육 표준이 되다시피 했으며 박사 과정에서는 이 전집의 몇 권, 석사 과정이면 몇 권을 마스터해야한다고 정해져 있는 대학도 있을 정도다.

3.10 작도불능 문제

지금부터 약 2500년 전, 정치와 문화가 매우 발전했던 그리스 아테네의 시민들은 집안일을 노예에게 맡기고, 자신들은 정치와 학문에만 열중했다. 이런 분위기 속에서·교양과 흥미에 관한 학문의 수요가 많아지자 소피스트라는 직업이 생겨났다. 이 직업은 새로운 문제를 만들어 시간을 보내는 직업으로 이들이 특히 열심히 연구한 것은 눈금 없는 자와 컴퍼스를 가지고 그리는 이른바 3대 작도불능의 문제였다. 신기하게도 직각을 3등분으로 쉽게 나눌 수 있었고, 주어진 정사각형보다 2배나 큰 정사각형도 쉽게 그릴 수 있었다. 또한 주어진 다각형과 같은 넓이를 가진 정사각형도 자와 컴퍼스만을 가지고 쉽게 그릴 수 있었다. 그러나 임의 각을 3등분하는 문제와 주어진 정육면체보다 부피가 2배인 정육면체를 그리는 문제, 반지름이 1인 원의 넓이와 같은 정사각형은 자와 컴퍼스를 가지고 그릴 수 없었다.

실제로, 중학생 정도의 실력만 가지고 있으면 직각 3등분이나 한 변이 1인 정사각형의 2배가 되는 정사각형은 피타고라스 정리를 이용해 쉽게 그릴 수 있다. 그리고 조금만 더 응용하면 임의의 다각형의 면적과 같은 정사각형은 그릴 수 있으나, 주어진 원의 넓이와 같은 정사각형은 그릴 수 없다. 사람들은 이 문제를 가리켜 임의각의 3등분 문제, 입방배적 문제, 원적 문제라고 이름 붙였다.

이런 3대 작도불능 문제는 이해하기가 쉬워, 금방 그릴 수 있을 것 같지만 자와 컴퍼스만으로는 사실상 불가능하다는 것이다. 과연 이런 문제를 만족하는 해답이 존재하는가? 존재한다면 이른바 기하학적인 방법으로 그릴 수 있는가? 여기에 대한 해답은 경험적으로는 알 수 있었지만, 실제로 불가능하다는 것을 증명한 것은 그로부터 2000년이 지난 19세기에 이르러서다. 참으로 쉽고도 어려운 숙제가 풀어진 것은 너무나 긴 시간이 흘러서 전혀 엉뚱한 분야에서 그 풀이를 찾을 수가 있었다. 이 문제는 프랑스의 수학자인 데카르트 르네(Descartes Rene, 1596~1650)가 도형의 문제를 수식으로 바꾼 이른바, 해석 기하학이 만들어지고 방정식이 만들어진 후에 완첼이라는 수학자에 의해서 구명된 것이다.

그러면 우리는 이 3대 작도 문제가 불가능하다는 것을 어떻게 증명했는지 살펴보기로 하자. 이를 증명하기 위해서는 실수와 수직선 위의 점이 일대일 대응이라는 지식이 필요하다. 적당한 단위 길이가 주어졌을 때 우리는 쉽게 자와 컴퍼스를 가지고 두 수의 합과 차를 그릴 수 있다. 이 말은 어떤 수의 임의의 배수도 작도 가능하다는 말이 된다. 또한 임의의 두 수의 곱과 나눔도 그릴 수 있다. 그리고 비례식을 이용해 곱해서 2가 되는 무리수도 작도 가능하다. 이런 작도 문제를 19세기 프랑스 수학자인 피에르 완첼(Pierre Wantzel, 1814 ~ 1848)이 1837년에 방정식의 문제로 바꾸는 데 성공하여 다음과 같은 2개의 정리를 만들었다.

'유리수를 계수로 갖는 3차방정식의 해가 작도 가능하면, 이 3차방정식은 유리수 범위에서 인수분해 된다. 다시 말해서 이 3차방정식은 적어도 한 개의 유리근을 갖는다.'

그리고 더 나아가 '컴퍼스와 자를 가지고 작도 가능한 실수는 대수적인 수이다. 여기서 대수적인 수란 유리수를 계수로 갖는 방정식의 근이 되는 수를 말한다.'

완첼이 만든 정리를 요약하면, 컴퍼스와 자를 가지고 작도 가능한 실수는 대수적인 수이지만, 작도 불가능한 수는 대수적이 아닌 수, 이를테면, 삼각비와 같은 초월수나 원주율에서 나온 파이, 그리고 무한급수에서 만들어진 자연로그 함수의 밑이 되는 오일러의 수 e 등이라는 것이다. 결국 3대

작도불가능의 문제가 해결된 것은 19세기에 나온 방정식 이론의 도움을 받아서 증명됐다.

3.11 우연의 일치

알다가도 모르는 것이 인생이라는 말이 있다. 이 말은 얼마 전까지만 해도 멀쩡하게 전화를 받던 친구가 갑자기 유명을 달리하고 세상을 떠났다는 소식을 전해 듣는가 하면 세상의 모든 돈을 다 거머쥔 것처럼 떵떵거리며 살던 사람이 하루아침에 쪽박을 차게 되었다는 뜻이다. 이런 사실을 두고 우연이라고도 하고 종교인들은 신의 섭리로 치부하기도 한다. 인생은 우연의 연속인가? 수학자들은 이 '우연'에 도전하기 시작하여 우연으로 보이는 것 들에서 법칙을 찾아내는 일을 하였고, 이 분야를 연구한 영역이 이른바 확률의 법칙을 알아내는 일이다.

우연의 일치가 의외로 빈번하다는 사실은 미국의 16대 대통령을 지낸 링컨과 44대 대통령을 지낸 케네디의 유사성을 살펴보면 알 수 있다. 두 사람의 의원 당선연도가 1846년과 1946년으로 정확히 100년 차이가 나고, 대통령 당선연도 역시 1860년과 1960년으로 100년 차이가 난다. 두 대통령을 암살한 브스와 오스왈드의 생일도 1838년과 1938년으로 100년 차이가 나고 암살자들 모두 재판받기 전에 사살된다. 암살한 후 두 사람은 모두 극장으로 도망갔으며 암살한 요일은 똑같이 금요일이고 두 대통령 옆에는 영부인이 있었다. 그리고 후임 대통령의 이름은 둘 다 존슨이며 1808년과 1908년생이다.

많은 사람들은 이것이 우연의 일치인가? 아니면 신의 장난인가?하며 아리송해한다. 서로 다른 주소가 적힌 1,000통의 편지 봉투와 그 주소에 사는 사람의 이름이 적힌 1,000개의 편지를 뒤섞은 후, 눈을 감고 하나의 편지와 편지 봉투를 집어보면 그 둘의 주소와 이름이 같은 것을 집을 수 있을까? 언뜻 생각하면 엇갈린 주소와 이름을 가진 편지 봉투와 편지를 집었을 것이라고 생각하기 쉽다. 하지만 현실은 그런 판단을 비웃기라도 하듯 너무도 의외의 결과를 보여준다. 편지의 이름과 같은 주소를 가진 봉투를 집을 확률은 무려 60% 이상을 넘는다. 그야말로 놀라지 않을 수 없는 확률의 아이러니다.

'당신의 생일은 언제입니까?' '예 제 생일은 8월 7일입니다.' '그래요? 제 생일도 8월 7일 인데요!' 이처럼 우리는 가끔 나와 생일이 똑같은 사람을 만나는 경우가 있다. 물론 흔한 일은 아니다. 그렇다면 같은 생일을 가진 사람을 만날 확률은 얼마나 될까? 이 의문을 해결하기 위해 다음과 같은 질문을 할 수 있다.

'생일이 같은 사람이 적어도 한 쌍 이라도 나오게 하려면 최소한 몇 명의 사람들을 모아야 할까?'

이 문제는 확률을 배우는 학생들에게는 기초적인 질문이다. 얼핏 생각하기에는 적지 않은 사람이 필요할 것 같다. 1년이 365일이니 몇 월뿐 아니라 며칠까지도 다르지 않는 쌍이 나오게 하려면 아무리 적게 잡아도 절반 정도인 180명 이상은 모여야 할 것 같다. 그러나 놀랍게도 전혀 그렇지 않다. 40명만 모여도 같은 날짜에 생일이 나올 확률은 90%가 넘는다. 언뜻 생각하면 믿어지지 않는 일이지만 명명백백히 입증되고 검증된 수학적인 사실이다.

실제로 유치원이나 학교, 사무실에 사람들을 모아 놓고 생일을 조사해 보면 그 높은 가능성에 놀랄 것이다. 그래서 '우리 학급이나 사무실에서 생일이 같은 사람이 있을까 없을까' 라는 내기를 하면 당연히 있다는 쪽에 승부를 거는 것이 현명한 선택이다. 인원수가 60명이 되면 생일이 같은 사람이 나올 확률은 100%에 가까워진다. 60명 이상이 모이면 생일이 같은 사람이 최소한 한 쌍은 나오게 되어 있다는 것이다.

우연의 일치란 말 그대로 예기치 않게, 흔치 않게 발발하는 사건이다. 하지만 위의 예에서 보다시피 일상에서 마주치는 우연의 일치는 우리가 생각하는 것보다 의외로 자주 일어나고 있다.

04 소수와 그래프이론

4.1 오일러의 수

수에는 오일러의 수(또는 네피어 수)란 것이 있다. 이 수를 우리는 영어의 알파벳 중 5번째 필기체 글자인 e로 표시한다. 이것은 정수들의 유한 합으로는 표시될 수 없는 수이다. 수학자들이 그리스 시대 이후에 수에 대한 연구를 시작하면서 거의 2000년 동안 공식적으로 존재하지 않았던 수이다. 언젠가부터 모든 수는 무한급수의 합으로 표시하는 방법을 생각하기 시작했다. 예를 들면, 1/3은 0.333333......으로 나타낼 수 있다. 이는 다시 0.3+0.03+0.003+0.0003+......으로 표시되므로 1/3=3/10+3/100+3/ 1000+3 /10000+.....으로 표시할 수 있다.

프랑스의 수학자 오일러는 1/n!의 무한항의 합으로써 계승급수를 오일러의 수 e라고 표현했다. 이 급수의 항을 많이 더하면 더 할수록 e의 정확한 값에 더욱더 접근할 수 있다. 이 오일러의 수 e에 대한 급수에서 원하는 만큼, 많은 자리까지 이 수에 대한 소수 전개를 얻을 수 있다. 중요한 것은 e의 근삿값이 되는 n번째 급수 항은 예상할 수 있지만,(실제로 n번째 급수 항은 1/(n-1)!이다) e의 소수 전개에서 n번째 자리에 나타날 수는 전혀 예측할 수 없다. 이런 점에서 e는 유리수와 다르다. 실제로 유리수는 적어도 어떤 점 이후에는 규칙적이고 예측 가능한 양식에 따라 반복되는 소수로 나타나는 특징이 있다. 예를 들면 1/3은 0.333333과 같다. 따라서 e는 유리수가 아니며 이런 예측 가능하지 않는 소수의 자릿수가 나타나는 수를 수학자들은 비순환 무한소수, 이런 수를 무리수라고 부른다. 피타고라스학파의 수학자들은 이런 수에 의해 만물이 지배된다고 믿었으며 실직선 위에 대응될 수 없다고 믿었다. 그런데 직각 삼각형 위의 밑변이 1이고 높이가 1인 대각선을 컴퍼스로 수직선에 긋고 대각선을 계산해보니 $1^2+1^2=x^2$ 가 되어 x는 $\sqrt{2}$ 가 된다. 이 도형을 컴퍼스로 직선상에 긋고 보면 만나는 점이 $\sqrt{2}$ 인 점이 된다.

이 이론이 이미 기원전 4세기경에 발견 되면서 무리수를 대응하는 점을 찾을 수 없다는 이론에 치명타가 되었다. 오일러 수 e는 2.718284590452353 602874…….로 나타내며 수학자들이 계산한 소수 이하의 값은 수천 자리까지 계산되어 있고 수학사전에는 대략 500자리까지 나와 있다. 신기한 것은 순환되지도 않고 무작위로 나오기 때문에 암호수로 이용하기에 적절하다.

고등학교 수학책에 나온 로그 계산법은 스코틀랜드 수학자인 존 네이피어가 만든 계산법이라 하여 네피어 상수라고 불리어 진다. 이것은 원주율 파이와 허수 단위인 i와 함께 중요한 수학의 상수 중 하나다. 이 값은 $(1+\frac{1}{n})^n$ 으로 표시되며 1/n!의 무한합의 극한값과 같음이 증명되었다. 이 값은 비순환 무한소수로 초월수이며 무리수다. e는 초월수의 존재를 증명하기 위해 특별히 고안된 수를 제외하고는 초월수 개념이 나오기 전에 알려져 있던 수들 중에 최초로 초월수임이 증명된 수이기도 하다. 이 증명은 1873년 샤를 에르미트(Charles Hermite, 1822~1901)라는 수학자에 의해 증명되었고 1618년 존 네이피어에 의해 로그에 대한 연구의 부록으로 간행되었다. 그러나 그 외 증명은 상수자체를 담고 있지는 않았고, 단순히 상수로부터 계산된 여러 로그 값의 리스트였다. 그 테이블은 윌리엄 오트레드가 만든 것으로 여겨진다. 처음으로 e가 상수라는 것은 야콥 베르누이가 값을 찾기 위해 노력하는 중 밝혀지게 되었다.

레온하르트 오일러(Leonhard Euler, 1707~1783)

스위스의 수학자이자 물리학자다. 수학 · 천문학 · 물리학뿐만 아니라 의학 · 식물학 · 화학 등 많은 분야를 광범위하게 연구했다. 수학 분야에서 미적분학을 발전시키고 변분학을 창시했으며, 대수학 · 정수론 · 기하학 등 여러 방면에 걸쳐 큰 업적을 남겼다.

4.2 피보나치수열

들판을 수놓는 각각의 꽃들은 꽃잎을 몇 장씩 가지고 있을까? 백합과 붓꽃이 3장이고, 채송화와 동백은 5장, 모란과 코스모스는 8장이다. 꽃잎이 많은 금잔화는 13장, 치커리는 21장, 질경이와 데이지는 34장, 쑥부쟁이는 55장 혹은 89장의 꽃잎이 달려 있다. 이런 꽃잎의 3, 5, 8, 13, 21, 34, 55, 89라는 수에는 규칙성이 없어 보이지만, 실은 그렇지 않다. 잘 살펴보면 다음과 같은 규칙성을 가지고 있다. '3+5=8','5+8=13'이라는 식처럼 앞의 두 숫자를 더하면 바로 다음에 오는 수가 된다.

우리는 이런 규칙을 가진 수의 배열을 '피보나치수열'이라고 한다. 12세기 이탈리아 수학자 레오나르도 피보나치(Leonardo Fibonacci, 1170~1250)의 이름을 딴 것이다. 왜 많은 꽃들이 피보나치 수만큼의 꽃잎을 가진 걸까? 꽃이

활짝 피기 전까지 꽃잎은 봉오리를 이뤄 안의 암술과 수술을 보호하는 역할을 한다. 이 때 꽃잎들이 이리저리 겹치며 가장 효율적인 모양으로 암술과 수술을 감싸려면, 피보나치 수만큼의 꽃잎이 있어야 한다는 것을 수학자들이 알아냈다. 피보나치수열은 원래 수학자 피보나치가 만든 다음 문제에서 탄생했다. '갓 태어난 한 쌍의 토끼가 있다. 토끼 한 쌍은 두 달에 한 번씩 암·수 한 쌍의 토끼를 낳는다. 새로 태어난 토끼들도 마찬가지다. 그렇다면 매달 몇 쌍의 토끼가 태어날까?' 적어보면 '1, 1, 2, 3, 5, 8, 13, 21, 34…'가 된다. 바로 피보나치수열이다.

해바라기 씨에서도 피보나치 수가 나온다. 해바라기의 씨가 박힌 모양을 잘 살펴보면, 오른쪽과 왼쪽으로 도는 두 가지 나선을 발견할 수 있다. 이때 좌・우 나선의 수를 보면, 하나가 21일 경우 다른 하나는 34가 되고 하나가 34면 다른 하나는 55가 되는 연이은 피보나치 수가 된다. 이런 방법만이 좁은 공간에 더 많은 씨를 품을 수 있다. 피보나치수열은 인간이 가장 아름답다고 여겼던 황금비(약 1:1.618)와도 관련 있다. 피보나치 수가 커지면, 수열에서 잇닿은 두 숫자의 비율이 바로 황금비가 된다. 피보나치수열은 신비롭게도 황금비를 만들어낸다. 2/1, 3/2, 5/3, 8/5…를 계속 계산하면 1.618…이란 황금비에 수렴한다.

음악의 거장 바르톡(Bela Bartok, 1881~1945)은 피보나치수열에 따라 음악의 마디를 나누고 황금분할 점에 클라이맥스를 두는 새로운 음악을 제창하기도 했다. 이 수열은 식물뿐 아니라 바다에 사는 고둥이나 소라의 나선 구조에도 나타난다. 그리고 이 수열은 운명적으로 신의 비율인 황금비를 만들어낸다. 황금비는 피라미드, 파르테논 신전이나 다빈치, 미켈란젤로의 작품에서 시작해 오늘날에는 신용카드와 담뱃갑의 가로세로 비율까지 광범위하게 쓰인다. 그러나 사람만이 황금비를 아름답게 느끼는 것은 아니다. 황금비는 태풍과 은하수의 형태, 초식동물의 뿔, 바다의 파도에도 있다. 배꼽을 기준으로 한 사람의 상체와 하체, 목을 기준으로 머리와 상체의 비율도 황금비다. 이런 사례를 찾다보면 우주가 피보나치수열의 장난으로 만들어졌는지도 모른다는 생각까지 든다. 그렇다면 우리는 왜 황금분할의 비율에 의해 이루어지는 구도가 가장 안정적이고 편하게 느껴지는 것일까? 우리가 태어나서부터 황금분할의 비율이 가장 안정적이고 편하며 눈과 귀를 즐겁게 해주는 비율이라고 교육 받아와서 그런 것일까? 아니다. 우리는 그런 교육을 받은 적이 없다. 우리가 그렇게 만들어져 태어났기 때문이다. 이는 마치 꽃을 보면 아름답고 뱀이나 벌레를 보면 공포심 또는 혐오감을 느끼는 감정처럼 교육에 의해 발생된 것이 아니라 우리가 자연적으로 느끼는 것과 똑같은 것이다.

주식시장에 관해서도 피보나치 수와 관련된 이론이 있다. 1930년대 중반 미국의 증시분석가 엘리엇이 내놓은 것이다. 그는 75년 동안의 주가변동을 연구한 끝에 주가를 밀어 올리는 파동과 끌어내리는 파동이 있는데, 각각 올리거나 내리려는 정도가 피보나치 수와 관계있다는 엘리엇 파동 이론을 주장했다. 그러나 이는 현상을 이리저리 분석해 꿰맞춘 것일 뿐 주가 변화를 예측하는 정확한 이론이라고 보기는 어렵다.

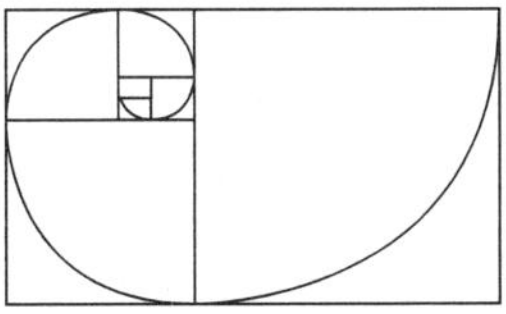
나선형 곡선

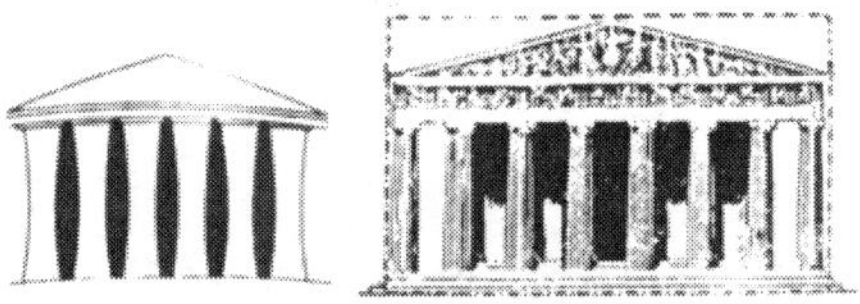
파르테논 신전

4.3 소 수

1과 자신만으로 나누어떨어지는 1보다 큰 자연수를 소수(prime number)라고 한다. 예를 들면 2, 3, 5, 7, 11.... 등은 모두 소수다. 옛날부터 수학자들은 소수에 관심을 가지고 연구했지만 최근에 들어 다른 분야의 사람들도 소수에 관심을 갖기 시작했다. 왜냐하면, 정보화 시대에 꼭 필요한 암호를 제작하고 해독하는 암호학이 발전하면서 수론이라고 하는 수학분야의 필요성이 대두되고 있고, 특히 소수의 성질의 사용이 절대적이기 때문이다.

이에 따라 자연스럽게 세계적인 회사인 IBM이나 ATT와 같은 거대한 정보 통신회사들이 소수 연구에 엄청난 연구비를 지원하고 있으며 미국 국가안전국(NSA)과 같은 비학술적인 기관마저도 이런 연구에 깊게 관여하고 있다고 한다. 사람들은 새롭고 거대한 소수를 찾는 방법과 소수를 찾기 위해 밤잠을 마다하지 않기 때문에 거의 날마다 새로운 소수들이 쏟아져 나오고 있다. 소수를 찾는 일 못지않게 계산도 쉬운 일이 아니다. 세계적인 슈퍼컴퓨터를 동원하여 몇 시간씩 계산해야할 정도로 큰 소수는 주로 크레이 연구소에 있는 슈퍼컴퓨터가 계산한다. 예를 들어 1979년 아마추어 수학자인 놀은 19세에 캘리포니아 주립대학교의 컴퓨터를 이용하여 2를 23,209번 곱한 수에서 1을 뺀 6,987자릿수인 소수를 발견했다.

이 수가 얼마나 큰 수인지 짐작되지 않는다면 대수롭지 않은 수인 2를 64번 곱한 수만큼 동전을 쌓아 올린다고 생각해보자. 그 높이는 얼마나 될까? 놀랍게도 그 높이는 무려 37조 킬로미터로 지구로부터 약 40만 킬로미터 떨어진 달을 지나고 1억 5천만 킬로미터 떨어진 해를 지나서 지구에서 가장 가까운 별인 40조 4천9백만 킬로미터 떨어진 푸록시마까지 도달할 것이다. 2를 23,209번 곱한 수만큼 동전을 쌓아 올린다면 아마 우주 전체를 완전히 벗어나게 될지도 모른다. 그런데 10년 후인 1989년 미국의 크레이 연구소 연구원인 데이브 슬로빈스키에 의해서 발견된 소수는 10년 전에 발견된 소수보다 무려 10배 자릿수가 많은 65,087 자릿수의 소수를 발견했다. 천문학적인 수이다!

최근에 발견한 큰 소수는 무엇인가? 2001년에 마이클 카메론과 그의 친구 2명이 공동으로 발견한 $2^{13,466,917}-1$인 소수다. 이 소수는 405만 3946자리의 수로 그대로 출력한다면 웬만한 소설책 한 권을 가득 메울 분량이다. 우리는 특히, 2^p-1인 꼴의 소수를 메르센 소수라고 하는데 최근에 발견된 소수들은 대부분 이 메르센 소수다. 2^p-1인 수가 소수가 되려면 p가 소수여야 한다. 그런데 이것의 역은 성립하지 않는다. 즉 'p가 소수이면 2^p-1의 소수이다.'라는 말은 성립되지 않는다. 그래서 많은 사람들은 수많은 소수 p를 후보로 해서 2^p-1이 소수인지를 조사하고 있다.

몇몇 사람들은 이렇게 거대한 수에 관심을 가져야 하는 이유가 무엇인지 묻는다. 이런 질문에 대한 대답은 다양하다. 그중 한 가지 대답은 소수를 검증하는 슈퍼컴퓨터의 계산의 정확성을 자체 검증하고 거의 무한에 가까운 정보들을 분류하여 서로 겹치지 않도록 하는 데 있다고 한다. 왜냐하면 컴퓨터와 계산이 우리를 속일지도 모르기 때문이다.

소수가 무한한 자연수 사이에 분포되는 것은 흥미로운 일이지만, 아직 그 어느 누구도 소수의 다음 소수가 나타날 위치를 정확하게 말할 수 없는 것 또한 흥미로운 일이다. 작은 수들 중에는 많은 소수가 나타난다. 예를 들면, 25보다 작은 소수는 2, 3, 5, 7, 11, 13, 17, 19, 23 이지만 훨씬 더 큰 수에서 출발하면 소수는 매우 희박하게 나타나며, 유감스럽게도 소수들이 이웃에 있는 소수와는 어떤 규칙이 있는지는 아무도 모른다. 아직도 무한히 많은 수 중에 소수의 끝은 보이지 않고 있다.

4.4 메르센 소수

프랑스의 성직자이자 수학자인 마랭 메르센은 자신의 이름을 딴 메르센 소수라는 것을 만들었다. 메르센 소수는 2의 거듭제곱에서 1을 뺀 수가 소수(1과 자신 외에는 정수로 나누어 지지 않는 수)인 경우를 말한다. 첫 번째 메르센 소수는 2^2-1인 3이고, 두 번째 메르센 소수는 2^3-1인 7이다. $2^4-1=15$는 소수(prime)가 아니기 때문에 세 번째 메르센 소수는 2^5-1인 31이 된다.

1963년 미국 일리노이 대학교에서는 23번째 메르센 소수를 발견했는데 이를 기념하기 위해 '$2^{11213}-1$은 소수'라고 새긴 우편 스탬프를 찍기도 했다. 이렇듯 메르센 소수는 갈수록 찾기 힘든 소수다.

그런데 몇 년에 하나씩 발견되던 메르센 소수가 최근에는 매년 하나씩 추가로 발견되고 있다. 2003년에 40번째 메르센 소수를 발견했고, 2004년에는 41번째, 2005년 2월에는 42번째 메르센 소수가 발견됐다. 현재까지 알려진 가장 큰 소수인 42번째 메르센 소수는 $2^{25964951}-1$로, 그 값은 781만 6230자리나 된다고 한다. 독일의 안과전문의이자 아마추어 수학자인 마틴 노바크(Martin Nowak)는 개인용 컴퓨터로 50여 일 작업한 끝에 이 소수를 찾아내는 성과를 올렸다.

수학자들은 왜 이렇게 큰 소수를 찾는 일에 관심을 쏟는 것일까? 소수를 찾는 것 자체가 수학적으로 의미 있기도 하지만, 오늘날 소수는 암호학에서 중요한 역할을 하고 있기 때문이다. 아주 큰 두 소수를 곱하여 수를 만들고, 그 수가 어떤 두 소수의 곱인지 알아야 암호를 풀 수 있게 만든다. 두 소수를 곱하는 것은 쉽지만, 주어진 수가 어떤 두 소수의 곱인지 알아내기 위해서는 슈퍼컴퓨터를 돌려도 아주 오랜 시간이 걸리기 때문에, 소수를 이용한 암호는 해독되기까지의 시간을 효과적으로 지연시킬 수 있다.

또 쌍둥이 소수(twin prime)란 것이 있다. 이것은 (3, 5), (5, 7), (11, 13), (17, 19)와 같이 (p, p+2)가 모두 소수인 경우를 말하는데, (3, 5)를 제외한 모든 쌍둥이 소수는 6, 12, 18과 같은 6의 배수를 중심으로 1을 더하고 1을 뺀 형태다. 그리고 사촌 소수(cousin prime)란 것은 그 차이가 4인 (p, p+4)가 모두 소수인 경우로, (19, 23), (37, 41)이 있다. 쌍둥이 소수와 사촌 소수는 서양에서 붙여진 명칭이지만 쌍둥이의 촌수가 2이고 사촌의 촌수가 4라는 점을 고려하면 우리의 촌수를 반영한 명칭인 것 같다. 그런가 하면(31, 37), (41, 47)과 같이 (p, p+6)이 모두 소수인 경우를 섹시 소수(sexy prime)라고 한다. 생뚱맞게 등장한 sexy 때문에 어리둥절할지 모르지만 six에 해당하는 라틴어 단어가 sex이기 때문에 붙여진 이름이라고 한다.

이상은 모두 두 소수씩 짝지은 이중 소수이고, 세 소수씩 묶여 있는 삼중 소수도 있다. (17, 23, 29), (47, 53, 59)는 (p, p+6, p+12) 형태의 삼중 소수다. 네 개의 소수로 이루어진 사중 소수도 있으며, 이런 소수들을 총칭하여 소수 별자리(prime constellation)라고 한다.

수학자 골드바흐가 1742년 동료 오일러에게 적어 보낸 '2보다 큰 모든 짝수는 두 소수의 합으로 나타낼 수 있다.'는 아직 증명되지 않은 '추측'이다. 대부분 미해결된 문제들은 문제를 이해하는 것조차 불가능할 정도로 난해하지만 '골드바흐의 추측(Goldbach's Conjecture)'은 4=2+2, 6=3+3, 8=3+5와 같이 짝수를 두 소수로 분해하는 예를 떠올릴 수 있어서 쉽게 느껴진다. 물론 모든 짝수에 대해 성립함을 '증명'해 내기란 심히 어려운 일이다.

북한에서는 소수를 '씨수'라고 한다. 모든 자연수는 10=2×5, 12=2×2×3과 같이 소수의 곱으로 나타낼 수 있다. 씨수는 씨라는 은유를 통해 소수가 자연수를 생성하는 원천이 된다는 점을 잘 드러낸다. 언젠가 통일이 된다면 한자 용어 '소수'와 한글 용어 '씨수'중 무엇을 선택해야 할지 지금부터 생각해 둘 필요가 있을 것이다.

마랭 메르센(Marin Mersenne, 1588~1648)

프랑스의 철학자이자 물리학자이며 수학자다.

프랑스 Maine지방의 Oize 태생으로 라플레시의 예수회 대학에 입학하여 동창생인 데카르트를 만났고, 그 후 페르마, 갈릴레이, 호이겐스, 토리첼리 등과 교류했다. 수많은 학자들과 서신을 주고받으면서 학자들의 연구 성과를 공유하고 학문 발전에 크게 기여했다.

완전수 및 메르센 소수 등의 연구를 통해 수론 분야에 중요한 업적을 남겼다.

4.5 작도불능의 불가능 증명

2000년 전에 수학자들이 해결하지 못했던 수학 문제들이 있었다. 당시 사람들은 세상에서 가장 정확한 것을 수학이라 생각했고 그중에서도 기하학을 통해 그 정확성을 증명하려 했다. 또한 신은 언제나 옳고 정확한 일만 한다고 믿었기 때문에 수학을 좋아한다고 생각했다. 또 그들은 기하학적인 도형에서 가장 아름답고 기본적인 것은 직선과 원이기 때문에 직선을 그리는 자와 원을 그리는 컴퍼스만을 사용해 도형을 그려야 한다고 생각했다. 이렇게 도구를 제한해 놓고 보니 문제를 해결하는 데 여러 가지 어려움이 생겼다. 특히 정육면체를 두 배로 늘리는 문제 즉, 부피가 두 배가되는 정육면체를 그리는 문제와 어떤 각을 삼등분하는 문제, 원의 면적과 같은 면적을 가진 정사각형을 그리는 문제로 이를 당시 수학의 3대 작도불능 문제라 하여 수학자들을 괴롭혔다.

실제로 이러한 문제들은 오늘날에도 건축물을 설계하고 도시계획을 세우고 토지를 측량하는 데 있어서 꼭 필요한 방법이다. 문제의 해결 방법이 간단하지 않은 작도문제들은 오늘날같이 과학기술이 발달하지 못하고 정밀한 기구도 없었던 당시에는 아무 쓸모가 없었다. 그래서 자와 컴퍼스만으로 위의 세 가지 문제를 해결해 보려고 수많은 수학자들이 노력했지만 안타깝게도 해결할 수 없었다. 그런데 이 세 가지 문제가 2000년이 지난 18세기에 와서야 독일의 수학자 람베르트에 의해 자와 컴퍼스만으로는 작도가 불가능하다는 사실이 증명되었다. 이 사실이 증명되기까지 무려 2000년 동안 수많은 사람들의 정력과 힘을 소모한 것이다.

정육면체를 두 배로 늘이는 문제는 기원전 400년경, 아테네에서 수많은 사람들이 전염병에 걸려 죽으면서 비롯되었다. 시민들은 평소에 숭배하던 신전에 헌물을 바치면서 기도를 올리고 병마가 떠나기를 빌었다. 신전에 집전하는 사람들은 많은 헌물을 탐냈고 더 큰 제단을 원했으며 "정육면체의 제단을 두 배의 부피가 되도록 만들어 주면 병마를 깨끗이 좇아 주겠다" 고까지 말했다. 사람들은 석공을 시켜 그 제단의 각 모서리 길이를 두 배로 늘려 새로 제단을 만들어 신전에 바쳤다. 그러나 유행병은 점점 더 퍼져나갔다. 화가 난 시민들이 항의하자 "내가 언제 여덟 배나 되는 제단을 원했는가? 두 배가 되는 것을 만들어 달라 했었지"라고 말했다. 시민들은 길이를 두 배로 하면 새 제단의 부피가 여덟 배로 늘어난 사실을 알고 문제의 해결을 위해 당시의 수학자인 에라토스테네스(Eratosthenes, B.C. 273 ~ B.C. 192)를 찾아갔으나 아직까지도 이 세상에 병이 없어지지 않는 것을 보면 이 문제는 아직도 풀리지 않는 모양이다.

자와 컴퍼스만을 가지고 임의 각을 이등분하는 문제는 기하학의 초보적인 문제다. 그리고 직각을 삼등분 하는 문제도 중학생 정도의 수준이면 누구나 풀 수 있는 문제다. 그래서 직각이 아닌 각을 삼등분 하는 문제도 쉽다고 생각하고 풀어보았지만 생각보다 너무 어려워 실패하고 말았다. 그러나 자와 컴퍼스의 제한이 없는 경우에는 히피아스에 의해 해결되었다.

원의 넓이와 같은 정사각형의 작도 문제가 나온 것은 곡선으로 되어 있는 논과 밭을 직선도형으로 쉽게 고칠 수 있게 하기 위해서였다. 그래서 이 문제는 인간이 기하학을 생각하기 시작 한 때부터 생긴 것으로 추정된다. 기록상으로는 지금부터 약 4000년 전에 기록되었다고 추정된 파피루스에서 최초의 답을 찾아볼 수 있다. 파피루스에는 반지름이 1인 원에서 반지름이 16/9배인 16/9을 한 변으로 하는 정사각형을 만들면 된다고 답이 나와 있다. 이것을 계산해서 비교해 보면, 원의 넓이는 π(=3.14159.......)이고 정사각형의 면적은 $\frac{16}{9}\times\frac{16}{9}=3.16049382716$이므로 그 당시 수준으로는 놀랄 만큼 정밀한 값이다. 원을 정사각형 화하는 문제는 결국 몇 각형이건 원 넓이와 같은 다각형을 그리면 되는 것이다. 왜냐하면 임의의 다각형은 같은 넓이의 삼각형으로 변형시킬 수 있고 모든 삼각형은 직사각형으로 바꿀 수 있고 또 모든 정사각형은 그 넓이와 같은 정사각형으로 고칠 수 있지만 유감스럽게도 원은 같은 넓이의 다각형으로 그릴 수 없다는 데 그 문제가 있다.

4.6 정다각형과 정다면체

정다각형이란 모든 변의 길이와 모든 각의 크기가 모두 똑같은 다각형을 말한다. 그렇다면 정다각형은 몇 개나 존재할까? 그 답은 '무수히 많다'이다. 예를 들면 정삼각형, 정사각형, 정오각형, 정육각형, 정칠각형 등 그리기는 힘들어도 무수히 많은 정다각형이 있다. 그런데 한 꼭짓점에 모인 합동인 정다각형의 개수가 모두 같고, 면과 면이 만나는 모서리의 각의 크기가 모두 같은 3차원 입체인 정다면체는 오직 5개뿐이라는 사실이다. 우리에게 가장 익숙한 정다면체는 주사위 모양인 정육면체다. 또 다른 예는 4면이 모두 합동인 정삼각형으로 된 정사면체가 있다. 그런데 정다각형의 경우처럼 정다면체에서는 그 예를 푸짐하게 계속 제공할 수 없다. 왜냐하면 정다면체는 일찍이 그리스 사람들이 발견했듯이 정사면체, 정육면체, 정팔면체, 정십이면체, 그리고 정이십면체 이렇게 5가지뿐이기 때문이다. 고대 이집트 사람들은 정사면체, 정육면체, 정팔면체라고 하는 세 종류의 정다면체를 알고 있었다. 이집트에서 오랜 유학생활을 했던 피타고라스는 이 세 가지 정다면체에 대해서 배웠을 것이다. 그런데 피타고라스학파는 '정다면체는 오직 정사면체, 정육면체, 정팔면체만 존재하는가?'라는 문제를 생각했는데, 연구 끝에 정십이면체, 정이십면체의 존재 사실을 발견했다. 그리고 더 나아가 '정다면체는 정사면체, 정육면체, 정팔면체, 정십이면체, 정이십면체 5가지뿐이다.'라는 사실을 증명했다. 그들은 이것을 어떻게 증명했을까?

먼저, 정삼각형을 면으로 하는 정다면체를 생각해보자. 한 꼭짓점에서 두 개의 정삼각형을 모으면 입체가 될 수 없으므로 최소한 3개의 정삼각형이 필요하다. 이렇게 3개의 정삼각형을 모아 놓으면 밑면도 정삼각형이 되므로 밑면에 정삼각형을 하나 덧붙이면 정삼각형 4개로 이루어진 정사면체가 된다. 다음으로, 정삼각형 4개를 한 꼭지점에 모으면 피라미드 모양이 된다. 똑같은 모양을 하나 더 만들어 거꾸로 아래쪽에 붙이면 8개의 정삼각형으로 만들어진 정팔면체가 된다. 이번에는 정삼각형 5개를 한 꼭짓점에 모으면 정삼각형 20개로 만들어진 정이십면체가 된다. 만일 하나를 더해서 한 꼭지점에 6개의 정삼각형을 모으면 어떻게 될까? 정삼각형의 한 내각은 60도이므로 6개를 모으면 360도가 되어 정육각형의 평면이 되고 만다. 따라서 정삼각형으로 만들 수 있는 정다면체는 정사면체, 정팔면체, 정이십면체 이 3가지뿐이다.

이제 정사각형을 면으로 하는 정다각형을 생각해보자. 한 꼭짓점에 정사각형 2개를 모으면 역시 입체가 될 수 없으므로, 한 꼭짓점에 정사각형 3개를 모아야만 정육면체가 나온다. 만일 정사각형의 한 꼭짓점에 4개의 정사각형을 모으면 한 내각이 90도인 정사각형 4개가 모여 360도가 되므로 정다면체가 될 수 없다. 그러므로 정사각형을 모아 만들 수 있는 정다면체는 오직 정육면체 하나뿐이다. 마찬가지로 정오각형을 면으로 하는 정다면체를 생각해 보자. 한 꼭짓점에 정오각형 3개를 모으면, 정십이면체가 된다. 그러나 한 꼭짓점에 정오각형을 4개 모으면, 정오각형의 한 각이 108도이므로 꼭짓점의 내각이 432도가 되어 볼록한 입체가 될 수 없다.

각 면이 정육각형인 정다각형이 있을까? 정육각형은 한 내각이 120도이므로 한 꼭지점에 3개만 모아도 360도가 되므로 입체가 되지 않는다. 이것은 정육각형을 면으로 하는 정다면체가 없다는 것을 말해준다. 마찬가지 이유로 정칠각형, 정팔각형, 정구각형 등으로 하는 정다면체도 없다는 것을 알 수 있다.

피타고라스학파는 이와 같은 방법으로 정다면체는 정사면체, 정육면체, 정팔면체, 정십이면체, 정이십면체의 5가지 정다면체를 증명했다. 정다면체는 모양도 아름답지만 희소성 때문에 신비주의적인 색채를 띠고 있다. 그래서 그리스 사람들은 정다면체로 우주를 설명했다. 그들은 우주가 물, 불, 흙, 공기 네 가지 원소로 이루어졌다고 믿었는데, 이 네 원소는 모두 정다면체의 모양을 하고 있다고 생각했다. 불은 정사면체, 흙은 정육면체, 공기는 정팔면체, 물은 정십이면체이며, 이 네 원소는 모두 정이십면체인 우주 속에 있다고 생각했다.

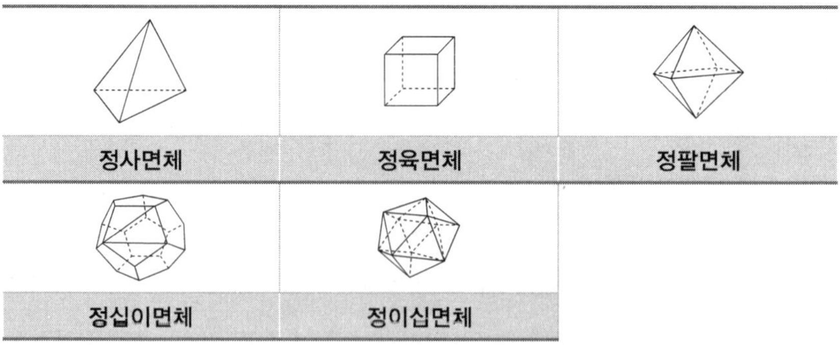

4.7 네트워크

미국의 응용수학자 덩컨 와츠 교수는 할리우드와 연관된 배우 21만 명의 상관관계를 조사했다. 공동 출연작이 있으면 배우들 사이에 줄을 긋는 식으로 연계 도표를 만들고 전체 연계 구조의 성질을 분석한 것이다. 이런 일은 사회학자나 할 일이지 이공계 학자로서는 외도가 아닌가 여길 수도 있을 것이다. 그러나 이 논문은 세계 최고의 권위를 가지고 있는 자연과학 학술지인 〈네이처〉에 실렸다. 이탈리아 팔레르모 대학의 만테냐 교수 역시 그의 연구 분야는 미국 주식시장이다. 그는 한 기업의 주가가 오르면 다른 기업들의 주가가 어떻게 움직이는지 연구해 〈유러피언 피지컬 저널〉에 발표했다. 또한 몇 년 전 〈네이처〉에는 스웨덴 사람들을 대상으로 서로 성관계가 어떻게 맺어 졌는가? 라는 연구논문이 게재됐다. 신기하게도 스웨덴 사람들의 성관계 네트워크 연구에서 수학적 구조가 웹 사이트인 www. 네트워크와 같다는 사실이 밝혀졌다. 야후 같은 몇몇 주요 사이트를 중심으로 가지를 뻗어 나가는 듯한 구조가 인간관계에서도 똑같이 나타난다는 것이다. 이런 연구는 신종 플루나 에이즈와 같은 전염병에 걸린 사람들의 인간관계를 분석해 누가 병원균을 열심히 퍼뜨리고 다니는 사람인지 찾아내는 데 응용할 수 있다는 것이다. 핵심 보균자가 누구인지 몰라도 다른 보균자들의 관계에서 그가 어디에 있는지 알아내는 것이다. 실제로 이 연구를 스톡홀름대 사회학과 프레드릭 릴제로스 교수가 시도해 많은 관심을 받았다. 언뜻 보면 물리학자들은 사회, 경제학에 관한 논문을 쓰고, 자연과학 학술지에도 사회과학으로 보이는 논문을 싣는 등 외도를 일삼는 것처럼 보인다.

순수과학이 전 세계적으로 홀대받는 추세여서 인기를 좀 끌어보려고 대중의 관심거리인 영화, 주식, IT를 연구하고 〈네이처〉에서도 선정적인 논문을 싣는 것일까? 물론 아니다. 위의 논문들은 최신 주목을 받고 있는 복잡계 과학이라는 분야의 연구 결과들이다. 최근 복잡계 과학이란 새로운 학문이 과학 분야로 떠오르고 있다. 세계적으로 각 나라마다 복잡계 전문연구소가 세워지는가 하면, 미국 미시간 주립대학처럼 복잡계 학과를 설치하는 대학도 나오고 있다. 복잡계란, 글자 그대로 수많은 구성요소가 복잡하게 얽히고설킨 세상을 상호작용하면서 어떻게 변해가는지 예측하는 연구 분야이다. 복잡계 과학은 수학과 물리학을 이용해 복잡계의 성질을 찾아내고, 미래에 어떻게 움직일지 예측하는 학문이다. 복잡계 과학은 복잡계를 다룰 수 있는 수학을 만들어 낸 80년대 중반부터 싹트기 시작했다. 그 뒤 점점 발전해 지금은 환율변동이 어느 정도 예측 가능하고, 더욱 복잡한 주식시장이나 사회 속의 인간관계 등도 기본 성질을 이해하는 단계에 이르렀다. 수학과 물리학의 원리를 이용해 경제, 사회, 생명과학을 탐구하고 이해하는 복잡계 과학의 시대가 온 것이다.

개미군단과 기관, 외국인이 투자 게임을 벌이는 주식시장이나 사회 속에서의 인간관계, 그리고 수억대 컴퓨터가 연결된 인터넷 네트워크가 모두 복잡계가 연구하는 대상이다. 또한 주가지수나 환율의 변화, 인간 공동체가 생기는 과정, 1조 개의 신경세포들이 모인 두뇌의 작용들도 모두 복잡계 과학의 탐구 대상이다. 유럽연합은 유럽의 완전한 통합을 뒷받침할 과학 분야 중 하나로 '복잡계 과학'을 들고 있다. 복잡계 과학의 힘으로 경제와 사회, 정보통신과 네트워크 등을 통합하면 앞으로 일어날 수 있는 문제들을 예견하여 해결책을 구하고, 또 애초에 문제를 제일 적게 일으키는 통합 방안을 찾을 수 있다는 생각이다. 그러나 아직은 복잡계 과학이 갓 태어난 데 불과해 유럽 통합에 활용을 위해 이 분야를 집중 육성하는 쪽으로 방침을 정하고 있다.

4.8 그래프이론의 착상

쾨니히스베르크의 다리 문제는 프로이센 쾨니히스베르크(지금의 러시아 칼리닌그라드)에 있는 7개의 다리에 관한 문제다. 쾨니히스베르크에는 프레겔강이 흐르고 있고, 이 강 안에는 여의도와 같은 두 개의 큰 섬이 있다. 그리고 이 섬들과 도시의 나머지 부분을 연결하는 7개의 다리가 있는데, 이 7개의 다리를 한 번씩만 건너, 처음 시작한 위치로 돌아올 수 있는가 하는 것이 문제다. 당시 사람들은 수많은 경험을 통해 7개의 다리를 모두 건너 제자리로 돌아오는 것이 불가능하다고 생각했다. 그런데 1736년 스위스 수학자 오일러가 각 지역을 점으로, 다리를 선으로 표시해 이 문제에 대한 답을 증명해 보였다. 이것이 유명한 '한 붓 그리기'의 시작이다. 그는 출발 지점으로 돌아오려면 나가는 길과 돌아오는 길이 있어야 하므로 짝수개의 선으로 연결된 점이 있어야 한다고 생각했다. 그래프에서 네 점 A, B, C, D는 모두 홀수개의 변이 연결돼 있는 꼭짓점이 된다. 따라서 어느 곳에서 출발하더라도 7개의 변을 지나 처음 위치로 돌아올 수 없다는 것이 그의 주상이다. 이 문제를 발전시켜 새로운 수학의 한 분야가 된 것이 그래프 이론이다. 실제로, 그래프 이론을 만드는 몇 가지 실례를 들어 이해를 돕고자 한다.

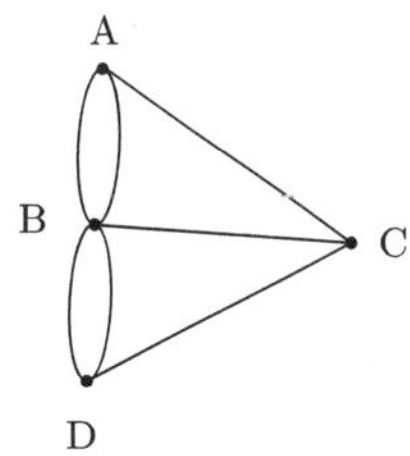

첫 번째 예는 지하철과 역에 관한 문제다. 우리는 지하철 차량 벽에 그려진 지하철 노선도를 보면, 역과 역의 연결 상태를 한눈에 파악할 수 있어 참으로 편리하다. 지도상에는 각 역을 점으로 표현하고, 역과 역을 선으로 연결하고 있다. 점과 선을 이용하여 중요한 정보를 전달하고 있는 셈이다. 수학에선 점과 선으로 그려진 그림을 그래프라고 한다. 특히 그래프의 점은 꼭짓점이라 하고, 그래프의 선을 변이라 하며, 한 꼭짓점에 연결된 변의 개수를 그 꼭짓점의 차수라고 한다. 예를 들면, 지하철 노선도에서 서울역은 차수가 4인 꼭짓점이다.

두 번째 예는 유명한 해밀턴 회로 문제다. 1859년 아일랜드 수학자 해밀턴은 같은 크기의 정오각형 12개로 이루어진 정12면체 모양의 퍼즐을 소개했다. 이 정12면체의 각 꼭짓점에는 런던, 파리, 홍콩, 뉴욕 등과 같은 12개의 도시 이름을 붙였다. 그리고 어느 한 도시에서 출발해 다른 도시를 모두 한 번씩 둘러본 후 출발한 곳으로 다시 돌아오려면 어떤 길을 선택해야 할까? 하는 것이 문제다. 물론 한번 방문한 도시는 다시 방문하는 비경제적인 여행은 제외한다는 단서를 붙인다. 이 문제는 상상력을 조금만 발휘하면 평면에서도 풀 수 있다. 정12면체의 면을 잡아 늘여 평면 그래프로 만들어 풀면 된다. 이 길은 각 점을 오직 한 번만 지나 출발점으로 돌아오며 이를 해밀턴의 이름을 따서 해밀턴 회로라고 부른다.

근대수학의 아버지로 불리는 수학자 다비드 힐베르트(David Hilbert, 1862~1943)는 쾨니히스베르크 출생으로 현대수학의 여러 분야를 창시하며 크게 발전시켰다. 그는 쾨니히스베르크대학을 졸업한 뒤 이 대학 강사를 거쳐 1893년 교수가 되었다. 1895년 괴팅겐 대학으로 옮겨 후르비츠, 민코프스키와 함께 괴팅겐 대학을 세계 수학의 중심지로 만들었다. 힐베르트의 학풍을 찾아 우수한 수학자들이 많이 모여들었다. 만년에는 나치스의 박해를 받았지만 전혀 굽히지 않았고, 1943년 괴팅겐에서 사망했다. 그의 업적은 수학의 거의 모든 부문에 영향을 미쳤으며 특히 대수적 정수론의 연구, 불변식론의 연구, 기하학의 기초 확립, 수학의 과제로서의 몇몇 문제제시, 적분방정식론의 연구와 힐베르트 공간론의 창설, 공리주의 수학기초론의 전개 등을 들 수 있다.

특히 그의 저서인 《기하학의 기초(1899)》에서 제시한 공리계에 의한 기하학의 이론 구성 문제는, 1900년 파리에서 개최된 제1차 세계 수학자 회의(ICM)에서 그가 강연한 '수학의 전망'과 더불어 한 세기 동안 풀어야 할 문제 23개와 함께 수학을 공리주의 방향으로 자리 잡게 했다. 이는 새로운 시대를 열어 준 획기적인 것이었다. 100년이 지난후 2000년에 그가 제시했던 문제를 거의 해결했고, 포앙카레 추측은 러시아의 기이한 수학자인 그리고리 페렐만(Grigori Y. Perelman 1966~)에 의해서 3차원 다양체상의 서저리를 갖는 〈리치 플로〉라는 논문으로 2003년 3월에 해결했다.

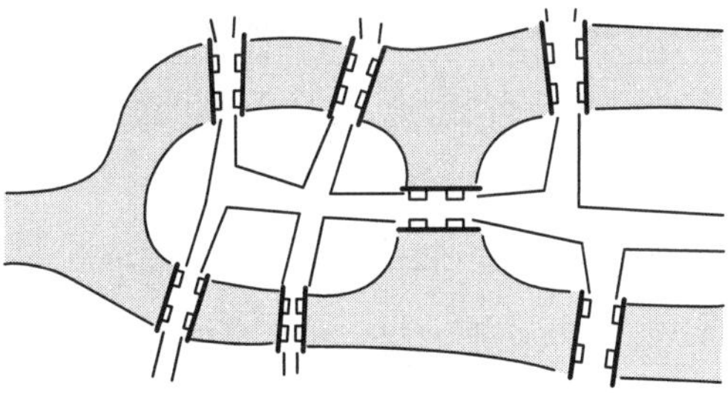

쾨니히스베르크의 다리

4.9 해밀턴의 순환경로

수학자들은 어찌 보면 전문적인 회의론자 들이라고 할 수 있다. 왜냐하면 새로운 이론에 대한 이야기를 들었을 때의 첫 반응이 '어떻게 증명할 수 있느냐'이기 때문이다. 심지어 증명된 원리의 마지막 한 줄까지도 세세하게 검토한 후에야 비로소 그 증거가 옳다고 인정한다. 이와 같은 회의적인 태도는 전통적인 순수수학에서 뿐만 아니라 첨단기구인 컴퓨터에 의해 처리된 결과에도 적용된다. 요즘에는 광속과 같은 빠른 최첨단 컴퓨터를 이용해 손으로는 도저히 계산이 불가능했던 수학적인 일들이 이제는 쉽게 처리되고 있다. 그러나 과연 이런 계산을 한 컴퓨터를 믿을 수 있을까? 하는 의문이 생긴다. 이런 의문을 잠재우기 위해 컴퓨터 분야에서 일하는 많은 학자들은 여러 방법들을 연구하며 유용한 결과들을 얻고 있다. 실제로 컴퓨터가 실행한 결과를 보장하는 것은 수학자뿐만 아니라 많은 사람들의 관심사다. 예를 들면, 모든 장소를 중복하지 않고 한 번씩만 통과해서 돌아오는 경로를 확인하는 문제가 주어졌다고 하자. 그래프 이론을 연구하는 학자들은 이런 문제를 해밀턴 순환경로라고 부른다. 이런 문제들은 흔히 통신망을 설계하는 데 많이 응용되고 있다. 만약 경로를 찾기 위해 컴퓨터에 물었지만, 컴퓨터가 실제로는 존재하는 해밀턴 순환경로를 확인하지 못하고 지나가지 않았을 것이라고 어떻게 확신할 수 있는가? 좀더 부정적으로 말하면, 컴퓨터가 해밀턴 순환경로를 확인하고도 말하지 않을 경우를 택하지 않았다고 어떻게 보장하는가?하는 문제이다.

컴퓨터 과학의 핵심 과제는 컴퓨터로 푸는 문제들의 연산 장치 한계를 밝히는 것이다. 현대의 연산 장치들은 거의 무한대의 계산 능력을 지닌 것처럼 보이기 때문에 충분한 시간이 주어지면 컴퓨터로 어떤 문제든 풀 수 있을 거라고 생각하기 쉽다. 그러나 아무리 문제가 쉬워 보이고 첨단 장비가 도입되었더라도 컴퓨터의 계산 능력에는 한계가 있다. 물론 컴퓨터는 그래프의 가능한 경로를 샅샅이 추적하여 어떤 경로가 해밀턴 순환경로가 아닌지를 증명할 수 있고, 많지 않은 정점에서는 일일이 모든 경로를 추적할 수 있다. 하지만 정점들의 개수가 증가함에 따라 가능한 경로 역시 엄청나게 증가하여, 직접적인 접근법은 적용하기가 무척이나 어렵다. 뿐만 아니라, 어떤 문제나 오류가 생길 가능성은 항상 상존하기 때문에 수학적 증명들은 깨지기 쉽다. 마치 한 줄의 진주 목걸이가 끊어져 마룻바닥 전체에 흐트러지는 것처럼 수학적인 증명이란 끊어지기 쉬운 진주 목걸이와 같은 것이다. 그래서 많은 수학자들은 무작위 추출읽기라는 것을 개발하여 비교적 적은 횟수만을 시행해보고 원래 증명의 정확도를 거의 확실하게 확인할 수 있는 방법을 구축했다. 하지만, 여기서 말하는 '확실하다'는 것은 마치

야구시합 9회말 2아웃에서 역전 승리타를 잘 치는 타자가 타석에 들어온 만큼의 가치가 있을 뿐이다.

윌리엄 로엄 해밀턴(William Rowan Hamilton,1805~1865)

영국의 수학자이자 이론물리학자다. 해밀턴의 특성함수를 사용하여 '해밀턴의 원리'를 확립했고, '해밀턴의 정준 운동 방정식'을 수립 하는 등 여러 연구로 대수계에 대한 다양한 길을 열었다. 또한 대수학 및 물리학에 대한 응용에 커다란 영향을 끼쳤다.

해밀턴의 순환경로(Hamiltonian path)는 어떤 그래프에서든 모든 꼭짓점을 단 한번만 지나는 경로를 의미한다. 또한 해밀턴 회로, 해밀턴 사이클(Hamiltonian cycle)은 모든 꼭짓점을 단 한번만 지나는 회로를 의미한다. 이 이름은 아일랜드의 수학자였던 윌리엄 로언 해밀턴 경의 이름을 따서 지었다.

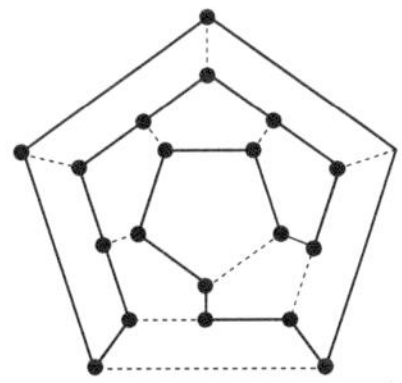

①

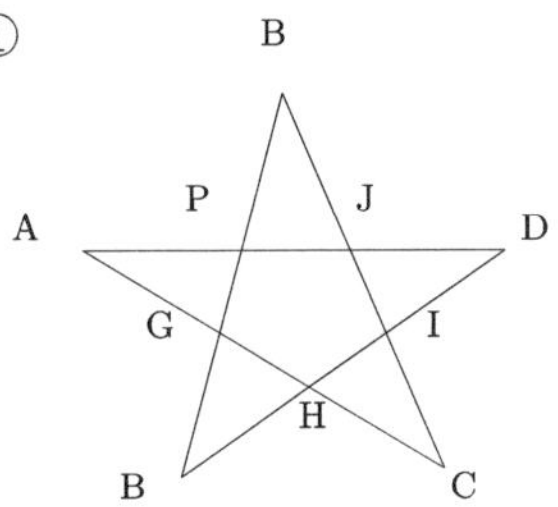

②

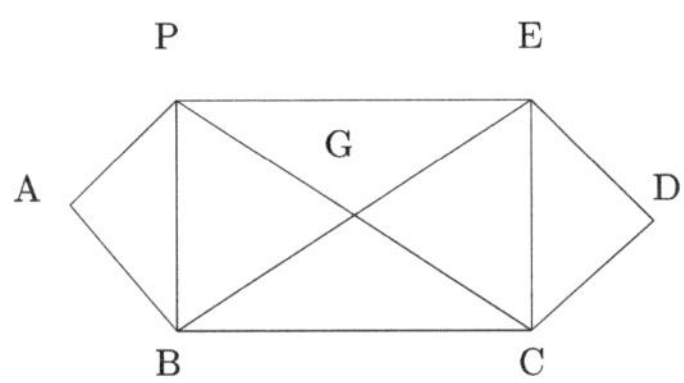

③

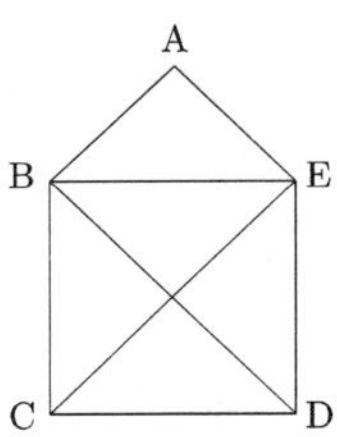

④

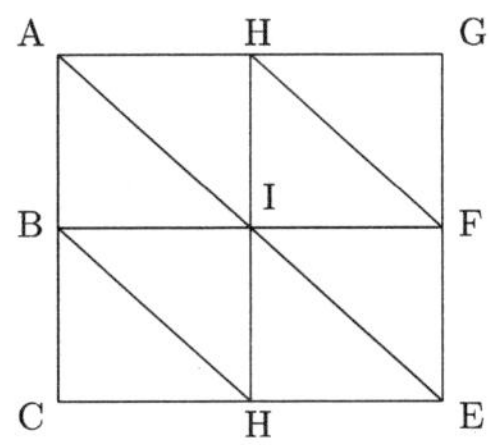

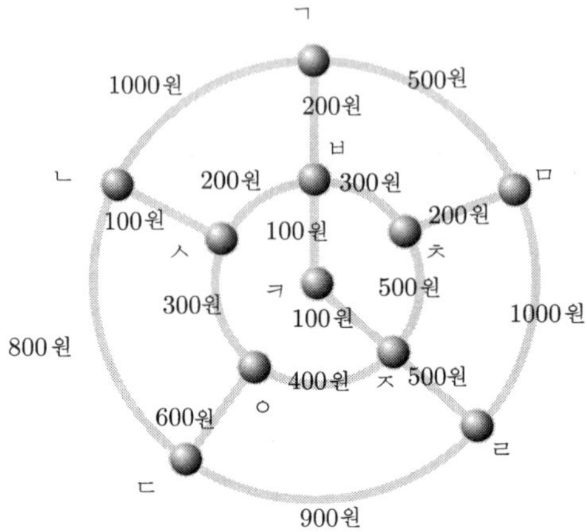

'ㄱ'에서 출발하여 다시 'ㄱ' 으로 도착하는 경우와

최소의 비용이 드는 해밀턴의 순환경로

4.10 해밀턴 사이클의 존재여부 판정에 관하여

($m \times n$그래프가 해밀턴 사이클을 가질 조건)

참여학생 : 김도영(우석고등학교)

김한솔(전북과학고등학교)

서남혁(전주제일고등학교)

손현국(전라고등학교)

송유리(호남제일고등학교)

지도교사 : 김순덕(전북대학교 자연대 수학과)

지도교수 : 김인수(전북대학교 자연대 수학과)

(위 글은 2010년 영재 수학강의 내용 요약임)

• 요약

우리가 생각하는 그래프라 하면 대부분 좌표 평면상에 나타나는 함수를 떠올린다. 하지만 그래프 이론은 그래프의 특성을 연구하는 수학과 컴퓨터 과학의 한 분야로, 특정 집단 내에서 대상들 사이의 관계를 그래프로 나타낸 수학적 구조이다. 그래프 이론은 전기회로도, 가계도, 지하철 노선도, 대진표 등 우리생활 속 여러 곳에서 알게 모르게 사용되고 있다. 이 논문에서는 그래프 이론에서 전통적인 요소인 오일러 사이클과 해밀턴 사이클에 대해 연구했다. 더 나아가 특정한 그래프를 가지고 해밀턴 사이클의 존재 여부도 생각해보았다.

I. 서론

그래프 이론은 1736년 수학자 오일러(Leonhard Euler, 1707~1783)가 당시 프러시아의 도시였던 쾨니히스베르크 시민들 사이에 널리 알려진 어떤 수수께끼를 풀면서 시작되었다. 그 도시를 흐르는 프레겔 강이 도시를 네 개의 지역으로 나누고 있었으며, 오일러가 수수께끼를 풀었던 시절 네 지역을 연결하는 다리가 일곱 개 놓여 있었다. 수수께끼는 네 지역 중 어느 한 곳에서 출발하여 일곱 개의 다리를 빠짐없이 정확히 한 번씩만 건너서 다시 출발 지역으로 돌아올 수 있는가 하는 것이었다. 오일러는 그렇게 다리를 건너는 것이 불가능함을 증명했으며, 증명 과정에 그래프를 사용했다.

이 논문에서는 그래프 이론의 기초를 소개하고 오일러 사이클과 해밀턴 사이클에 대해 연구했다. 또한 $2\times n$ 및 $m\times n$의 특정 형식의 그래프에서 해밀턴 사이클의 존재 여부를 연구해봄으로써 각자가 그래프 이론에 대해 깊이 생각해보는 수학적 활동을 할 수 있었다.

II. 본론

1. 그래프 이론의 기초

정의 2.1

그래프(본 논문에서는 무방향 그래프만 다룰 것이다.) G는 정점(vertex 또는 node)의 집합 V와 간선(vertex 또는 arc)의 집합 E로 구성되어 있고, 각각의 간선 e는 순서가 없는 정점의 쌍으로 나타낸다. 만약 정점 v와 w를 연결하는 간선 e가 존재하면 $e=(v,w)$ 또는 $e=(w,v)$라고 나타낸다. 이 경우에 간선 e는 v와 w에 '부속된다'라고 한다. 그리고 정점 v와 w는 간선 e에 부속되었다고 하며 인접(adjacent) 정점이라 한다.

G가 정점의 집합 V와 간선의 집합 E를 가지는 그래프이면 $G=(V,E)$라고 표기한다.

특별한 언급이 없으면 집합 E와 V는 유한하다고 가정하고, V는 공집합이 아니라고 가정한다.

정의 2.2

그래프에서 v_0와 v_n을 정점이라 하자. v_0에서 v_n까지 길이가 n인 경로(path)는 v_0에서 시작해 v_n에서 끝나는 $n+1$개의 정점과 n개의 간선이 다음과 같이 교대로 나타나는 순서열이다.

$(v_0, e_1, v_1, e_2, v_2, \cdots, v_{n-1}, e_n, v_n)$

여기서 $i=1,2,\cdots,n$에 대해 간선 e_i는 정점 v_{i-1}과 v_i에 부속되어 있다.

정의 2.3

그래프 G안의 임의의 정정들 v와 w가 주어졌을 때, v에서 w로의 경로가 존재한다면 그래프 G는 연결되이 있다.

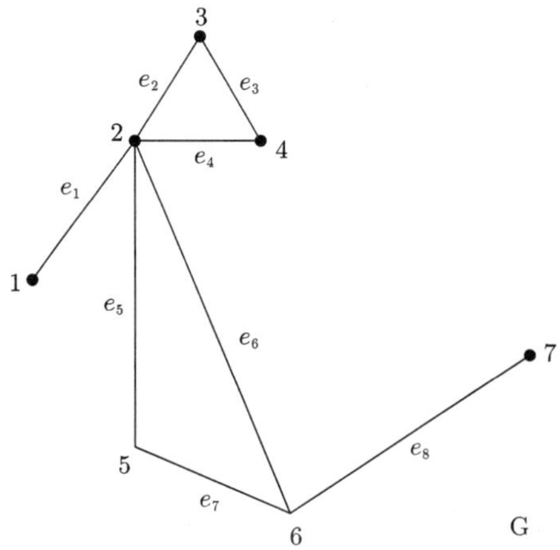

그림1 길이 2인 경로$(2, e_2, 3, e_3, 4)$를 가지는 연결된 그래프

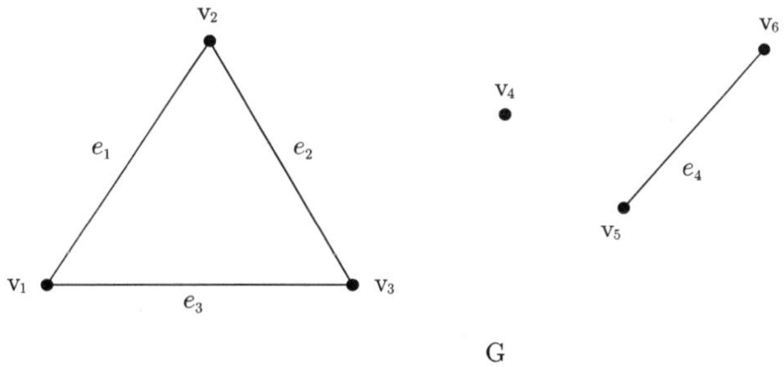

그림2 연결되지 않은 그래프

그림 1에서 보는 바와 같이 연결된 그래프는 하나의 '조각'으로 구성되어 있지만 연결되지 않은 그래프는 2개 이상의 '조각들'로 구성되어 있다. 이 '조각들'은 원래 그래프의 부분 그래프(subgraph)이고 요소(component)라 한다. 부분 그래프에 관련하여 공식적인 정의는 다음과 같다.

정의 2.4

$G=(V, E)$를 그래프라 하자. 다음과 같을 때 $G'=(V', E')$를 G의 부분 그래프라 한다.

(i) $V' \subseteq V$이고 $E' \subseteq E$이다.

(ii) 모든 간선 $e' \in E'$에 대해 간선 e'이 v'과 w'에 부속된다면 $v', w' \in V'$이다.

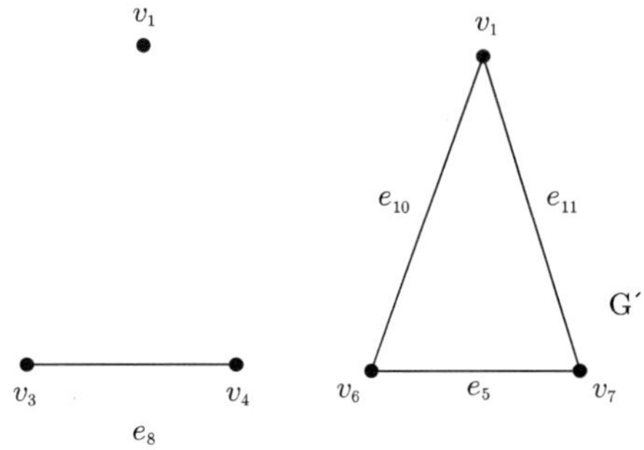

그림3 그림4의 부분 그래프

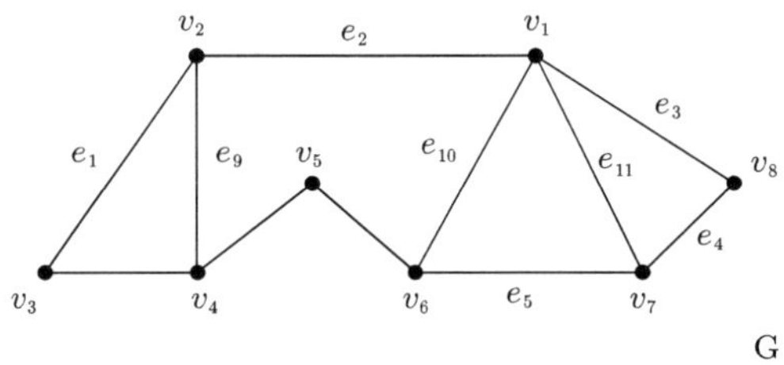

그림4

정의 2.5

v와 w를 그래프 G 안의 정점이라 하자.

(i) v에서 w로의 단순경로(simple path)는 v에서 w까지 반복되는 정점이 없는 경로다.

(ii) 사이클(cycle, 또는 회로)은 v에서 v까지 반복되는 간선 없이 길이가 0이 아닌 경로다.

(iii) 단순 경로(simple path)는 시작과 끝이 v인 것을 제외하고는 반복되는

정점이 없는 v에서 v로의 경로다.

2. 오일러 사이클

앞서 서론에서 제시한 쾨니히스베르크 다리 문제를 살펴보자.

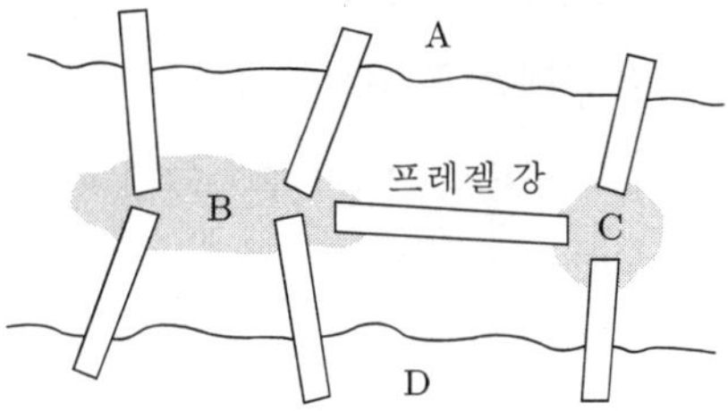

그림5 쾨니히스베르크 다리

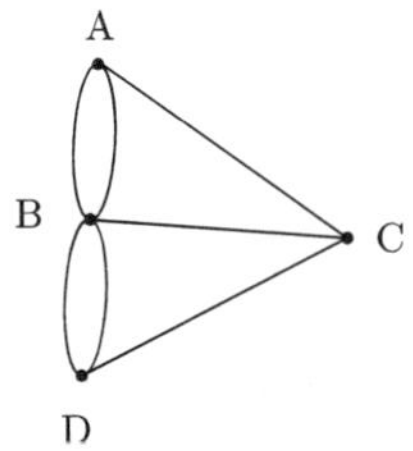

그림6 쾨니히스베르크 다리의 그래프 모델

쾨니히스베르크 프레겔 강에 있는 두 개의 섬이 그림 5와 같이 다리에 의해 각각 연결되어 있고 강둑도 다리로 연결되어 있다. 문제는 A, B, C 또는 D중 어느 한 지점에서 출발하여 각각의 다리를 한 번씩만 건너 출발점으로 돌아올 수 있는가?'라는 것이다.

이 다리의 구성은 그림 6과 같이 그래프로 모델링할 수 있다. 정점은 위치를 나타내고 간선은 다리를 나타낸다. 쾨니히스베르크 다리 문제는 그림 6의 그래프에서 모든 정점과 간선이 다 포함되어 있는 사이클을 찾는 문제로 변형된다. 오일러의 업적을 기리어 그래프 G안의 모든 정점과 간선이 포함되는 사이클을 오일러 사이클(Euler cycle)이라 부른다.

그렇다면 그림 6의 그래프 안에 오일러 사이클이 존재할까?

그림 6의 그래프 안에 오일러 사이클이 존재한다고 가정하고 정점 A를 생각해보자. 어떤 간선이 정점 A에 도착하면 반드시 다른 간선을 따라 나가야 한다. 이것은 정점 A에는 짝수개의 간선이 연결돼야 한다는 것을 뜻한다. 하지만 정점 A에는 3개의 간선이 연결되어 있으므로 모순임을 알 수 있다. 즉 사이클의 경로는 그래프의 한 정점에라도 홀수개의 간선이 연결되어 있다면 그 그래프 안에는 오일러 사이클이 존재하지 않는다. 따라서 그림 6은 오일러 사이클을 갖지 않는다.

오일러 사이클의 존재성에 대한 해는 정점의 차수 개념을 도입하면서 그럴 듯하게 출발한다. 정점 v의 차수(degree) $\delta(v)$는 v에 부속된 정점의 수이다(정의에 의해 v 상의 각 루프는 v 차수에 2를 보태게 된다). 그림 6에서 어떤 그래프 G가 오일러 사이클을 가지면 G 안의 모든 정점은 짝수 차수를 가짐을 알았다. 그리고 G가 연결되어 있음을 증명할 수 있다.

정리 2.1

그래프 G가 오일러 사이클을 가지면, G는 연결되어 있고 각 정점은 짝수 차수이다.

(증명)

G가 오일러 사이클을 가진다고 가정하자. 위에서 G 안의 모든 정점은 짝수 차수를 가진다고 했다. v와 w가 G 안의 정점이면, v에서 w까지 취한 오일러 사이클의 부분은 v에서 w까지의 경로 역할을 한다. 따라서 G는 연결되었다.

정리 2.1의 역 역시 참이다. 이는 수학적 귀납법에 의해 증명될 수 있다.

정리 2.2

G가 연결된 그래프이고 모든 정점이 짝수 차수를 가지면 G는 오일러 사이클을 가진다.

(증명)

이 증명은 G안의 간선의 수 n에 대한 귀납법으로 증명한다.

I. 기본단계$(n=0)$

G가 연결되어 있으므로 G가 간선을 가지지 않으면, G는 하나의 정점으로 구성된다. 오일러 사이클은 간선이 없는 하나의 정점으로 구성된다.

II. 귀납단계

G가 0보다 큰 n개의 간선을 가진다고 하면, $k<n$인 k개의 간선을 가지고, 모든 정점이 짝수 차수를 가지는 연결된 그래프는 오일러 사이클을 가진다고 가정한다.

정점이 하나 또는 둘인 연결된 그래프는 각각 짝수 차수를 가지며 오일러 사이클을 가진다는 것은 바로 증명된다(그림 7). 따라서 그래프의 정점이 적어도 3개라고 가정한다.

G가 연결되어 있으므로, 정점 v_1과 v_2에 부속된 간선 e_1과 정점 v_2와 v_2에 부속된 간선 e_2를 가지는 G안의 정점 v_1, v_2, v_3가 존재한다. 정점은 그대로 두고 간선 e_1과 e_2를 제거한 다음, 정점 v_1과 v_2에 부속된 간선 e를 추가하여 그래프 G'을 얻는다(그림 8(ㄱ)). 그래프 G'의 각 요소는 n보다 작은 간선을 가지고 그래프 G'의 각 요소 안의 모든 정점은 짝수 차수를 가진다는 것을 유념하라. G'이 하나 또는 두 개의 요소를 가짐을 보이겠다.

v를 정점이라 하자. G가 연결되었으므로 G 안의 v에서 v_1으로의 경로 P가 존재한다. 경로 P에서 정점 v에서 출발하여 G' 안에 있는 간선의 일부분으로 구성된 것을 경로 P'이라 하자. P'은 v_1이나 v_2, v_3에서 끝나야 하는데, 그 이유는 P가 G' 안의 경로에서 끝내는 한 방법이 P가 삭제된 간선 e_1또는 e_2중 하나를 포함하고 있기 때문이다. P'이 v_1에서 끝이 나면, v는 G'의 v_1과 같은 요소 안에 존재한다. P'이 v_3에서 끝나면 [그림 8(ㄴ)], v는 G'의 v_3와 같은 요소 안에 존재한다. 또한 v_3는 G'의 v_1과 같은 요소 안에 존재한다(G'의 간선 e는 v_1과 v_3에 부속되어 있기 때문이다). P'이 v_2에서 끝나면, v_2는 v와 같은 요소 안에 존재한다. 그러므로 G'은 1개 또는 2개의 요소를 가진다.

만약 G'이 하나의 요소를 가진다면, 즉 연결되어 있다면 귀납적 가정을 G'은 오일러 사이클 C'을 가진다는 결론에 적용할 수 있다. 이 오일러 사이클은 G 안에 오일러 사이클을 생성할 수 있도록 수정될 것이다. C'에서 간선 e를 가져와서 간단히 e_1 및 e_2와 대체한다.

G'이 2개의 요소를 갖는다고 가정하자(그림 8(ㄷ)). 귀납 가정에 의해, v_1을 포함하는 요소는 오일러 사이클 C'을 가지고, v_2를 포함하는 요소는 v_2에서 시작하고 끝나는 오일러 사이클 C''를 가진다. G에서 오일러 사이클은 C'을 다음과 같이 수정하여 얻어진다. 즉, C'의 (v_1, v_3)를 (v_1, v_2)다음에 C'', 다음에 (v_2, v_3)와 대체하거나, C'의 (v_3, v_1)을 (v_3, v_2), 다음에 C'', 다음에 (v_2, v_1)과 대체한다. 귀납적 단계는 끝이다. 따라서 G는 오일러 사이클을 갖는다.

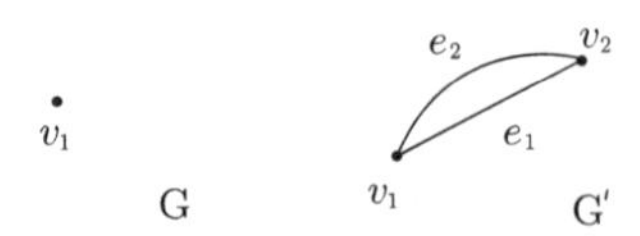

그림7 정점이 1개일 때와 2개일 때 오일러 사이클을 가진다.

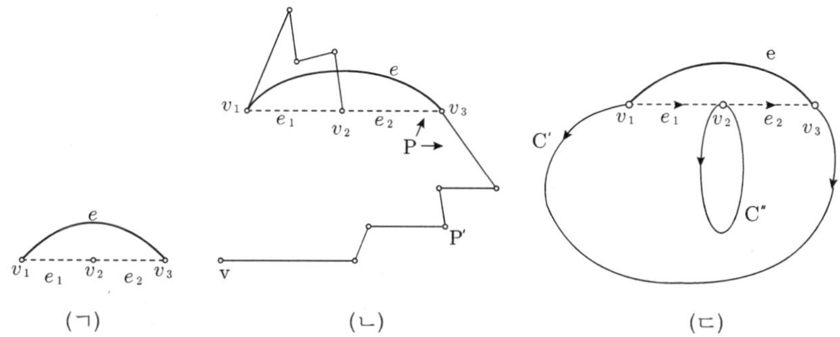

그림8 정리 2.2의 증명. (ㄱ)에서 간선 e_1과 e_2를 제거하고 e를 추가한다. (ㄴ)에서 P(간선 e를 제외한 것)는 G상의 v에서 v_1으로의 경로이고, P′(굵은 실선으로 표시된 것)은 역시 G' 안에 있는 간선들로 v에서 출발하는 P의 일부분이다. 그림에 나타난 바와 같이 P′은 v_3에서 끝난다. 간선 e가 G'에 속하기 때문에 G'에 v에서 v_1으로의 경로가 존재한다. 그래서 v와 v_1은 같은 요소 내에 있다. (ㄷ)에서 C′(굵은 선으로 표시된 것)은 하나의 요소로 오일러 사이클이다. 그리고 C″(가는 실선으로 표시한 것)는 또 다른 요소를 이루는 오일러 사이클이다. C′에서 e를 e_1, C″에서 e_2로 대체하면 G에 대한 오일러 사이클(굵은 선과 가는 선, 점선으로 표시한 것, 즉 e를 제외한 것)을 만들 수 있다.

G가 연결된 그래프이며 모든 정점은 짝수 차수를 가지고, 또 G가 간선이 몇 개 되지 않는다면, 관찰에 의해 항상 오일러 사이클을 찾을 수 있다.

3. 해밀턴 사이클

윌리엄 로언 해밀턴(William Rowan Hamilton, 1805~1865)경은 1800년 중반 12면체의 모양에서 수수께끼 하나를 제시했다(그림 9). 각 꼭짓점에 도시 이름을 주고, 어느 한 도시에서 출발한 후, 간선들을 따라 각각의 도시를 한 번씩만 방문하여, 최초의 출발 도시로 돌아오는 것이다. 12면체의 간선 그래프는 그림 10에 주어져 있다. 해밀턴의 수수께끼를 그림 10의 그래프에서 사이클을 찾을 수 있다면 문제는 해결된다. 다만 각 정점은 한 번만 포함돼야 한다(출발점과 끝나는 점은 두 번 나타나는 것을 제외하고).

해밀턴의 업적을 기리어, 주어진 그래프에서 출발점과 끝나는 점만 두 번 나타나는 것을 제외하고는 정점이 한 번씩만 나타나는 사이클을 해밀턴 사이클(Hamiltonian cycle)이라 한다.

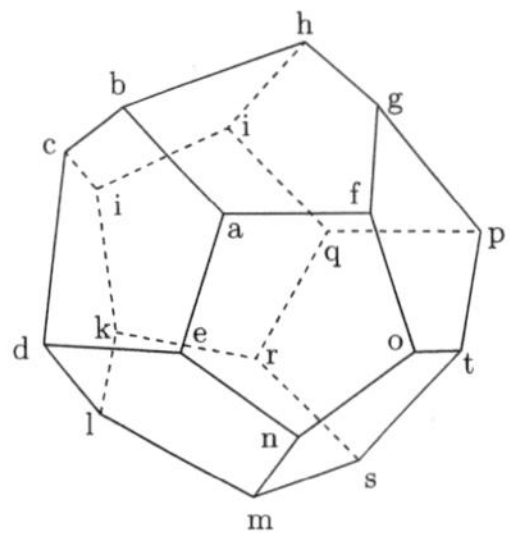

그림9 해밀턴 퍼즐

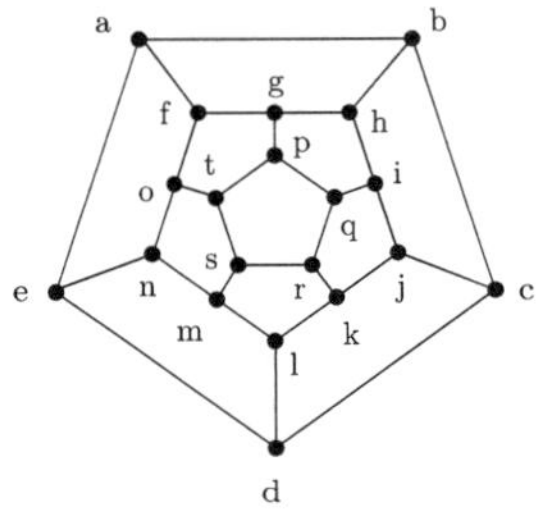

그림10 해밀턴 퍼즐의 그래프

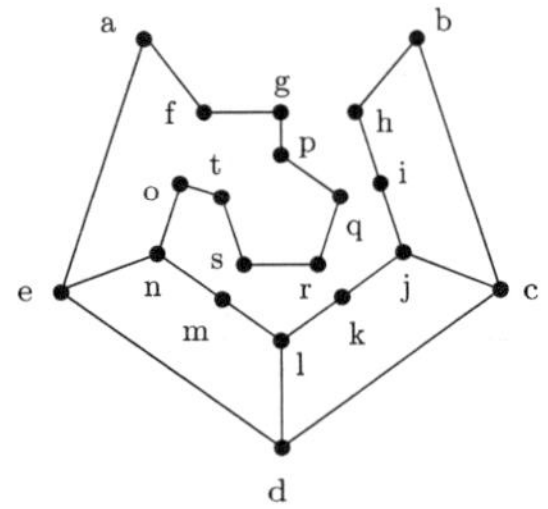

그림11 해밀턴 퍼즐의 해

예제 1

사이클(a, b, c, d, e, f, g, a)은 그림 12의 그래프에서 해밀턴 사이클이다.

해밀턴 사이클을 찾는 문제는 그래프에서 오일러 사이클을 찾는 문제와 매우 유사해 보인다. 오일러 사이클은 각 간선을 한 번씩 방문하는 반면, 해밀턴 사이클은 각 정점을 한 번만 방문한다. 하지만 이 문제들은 실제로 상당히 다르다. 예를 들어, 그림 12의 그래프 G는 홀수 차수의 정점들이 존재하기 때문에 오일러 사이클이 존재하지 않는다. 예제 1은 G가 해밀턴 사이클을 갖는 것을 보였다.

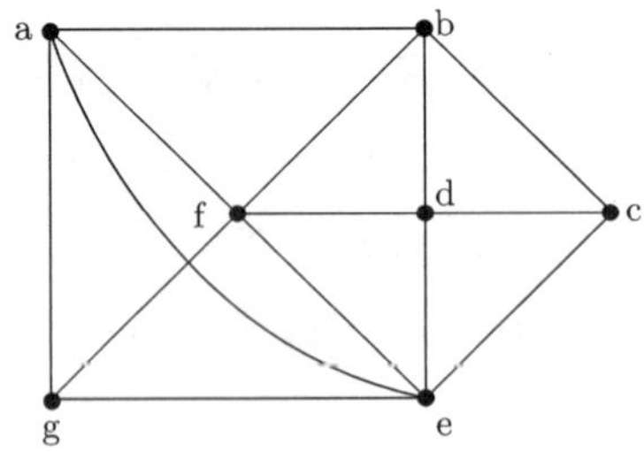

그림12

그림13의 그래프 G가 해밀턴 사이클을 포함하지 않음을 보이자.

G가 해밀턴 사이클 h를 포함한다고 가정하자. 간선 (a, b), (a, g), (b, c), (c, k)는 해밀턴 사이클 안의 각 정점의 차수가 2를 가지므로 h안에 있다. 따라서 간선(b, d)와 (b, f)는 h안에 있지 않다. 그러므로 간선(g, d), (d, e), (e, f), (f, k)는 h안에 있다. h안에 있는 것으로 알려진 간선들은 사이클 C를 형성한다. C에 부가적인 간선을 첨가하는 것은 h안에 있는 차수가 2보다 큰 어떤 정점을 주게 된다는 뜻이다. 이 모순은 G가 해밀턴 사이클을 가지지 않는다는 것을 보여 준다.

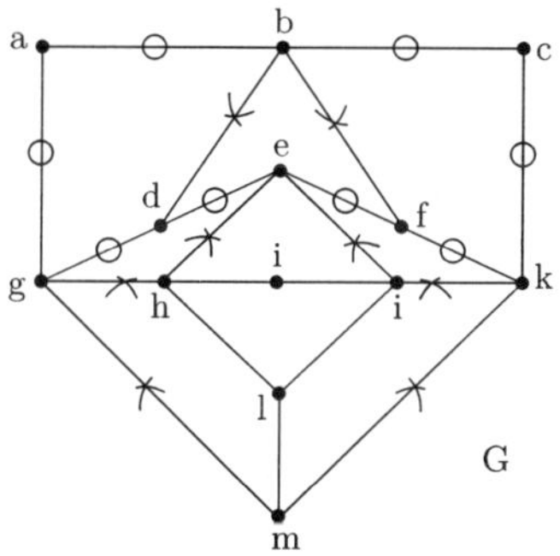

그림13

오일러 사이클에 대한 상황과는 다르게(정리 2.1과 2.2 참고) 그래프에서 해밀턴 사이클이 존재하기 위한 필요충분조건에 대해서는 명확히 알려진 바가 없다. 이런 이유로 우리는 매우 특수한 경우만이라도 해밀턴 사이클이 존재하는지에 대해 탐구하게 되었다.

4. 해밀턴 사이클의 존재 여부 판정에 관한 탐구

(1) $2\times n$형태의 그래프

(가) 탐구 배경

$2\times n$형태의 그래프라 함은 세로 2행, 가로 n열의 형태로 정사각형의 변

끼리 배열하여 구성한 것으로 $n=3$인 경우 다음과 같다.(쉽게 묘사하기 위해 사용한 정사각형은 그래프에서 무의미하다. 그저 직관적 이해를 위한 것이니 넘어가 주길 바란다. 또한 행과 열이 뒤바뀌어도 상관없다.)

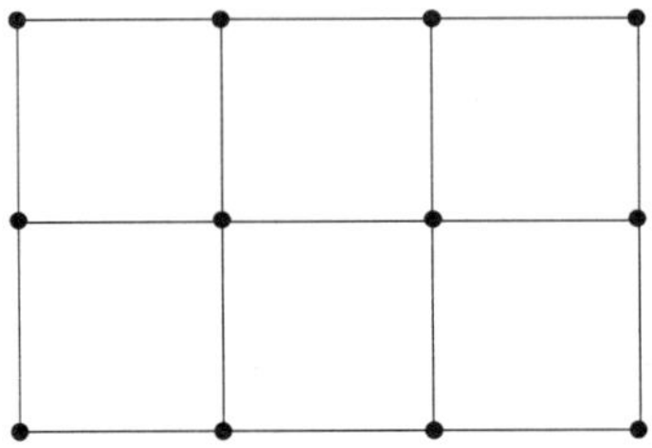

그림14 2×3개의 정사각형이 가로 2줄, 세로 3줄의 형태로 변끼리 접해 있다.

앞서 설명했듯, 해밀턴 사이클 판정법에 대해서는 명확히 알려진 바가 없다. 이와 같은 이유로 우리는 매우 특수한 경우만이라도 해밀턴 사이클이 존재하는지에 대해 탐구하게 되었다.

(나) 탐구 이전의 관찰

본 탐구에 들어가기에 앞서 몇 가지 작은 n들에 대해 손으로 직접 시도해 본 결과 n이 홀수인 경우(간단하게 $n=1$의 경우는 날 일(日)자가 가능) 짝수인 경우(간단하게 $n=2$의 경우는 밭 전(田)자가 된다.)는 불가능하다는 추측을 얻었다. 이를 토대로 간단한 귀납법을 증명의 무기로 삼았다.

한편 이 두 가지 귀납법 동원과 n의 기우성(홀짝성)을 파악하자. $2\times n$꼴의 그래프에서 어떤 점에 주목해야 할지 드러났다. 어떤 수의 기우성을 보존하는 연산에는 여러 가지가 있다. 그 대표적인 예로는 기우성이 같은 수끼리의 곱, 그의 특수한 경우인 제곱 등이 있다. 그 무수히 많은 것들 중 가장 쉽게 생각할 수 있는 것은 짝수를 더하고, 빼는 것이다. 모든 짝수가 2의 배수라는 점을 생각한다면 이 표현은 "원래의 수에 2를 더하거나 뺀 결과는 원래 수의 기우성과 같다."와 같은 의미이다. 따라서 $n\geq 3$에 대해

$2\times n$을 $2\times(n-2)$와 2×2의 결합으로 생각하는 것이 유용할 것이라고 생각했다.

(다) 탐구 과정

귀납을 위한 몇 가지 작은 n들을 가지고 해밀턴 사이클을 구성해본 결과다. 그래프상의 굵은 선이 해당 그래프의 해밀턴 사이클이다.(이후의 논의는 그래프 상의 가장 왼쪽, 가장 위쪽의 정점을 기준으로 이루어진다. 아마 Cycle이라는 경로에서는 사실상 종점과 시점의 개념이 불분명하다는 점이 지적될 듯하다. 경로상의 어떤 점을 택하더라도 시점인 동시에 종점이 될 수 있기 때문이다. 그러나 어떤 점을 시점으로 잡아도 무관하므로 그 점을 기준으로 하는 것에는 문제가 없고, 그렇게 잡는 것은 단지 편의상의 이유이다.)

그림15 $n=1$

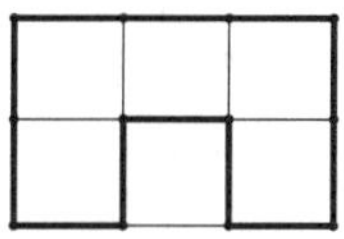
그림16 $n=3$

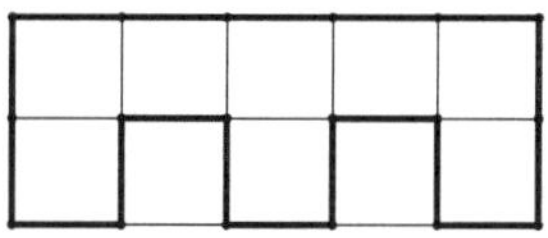
그림17 $n=5$

위의 그림을 관찰해보면 마치 톱니처럼 생겼다는 생각이 든다. 톱니와 같다는 생각으로부터 증명이 얻어졌다(그래프에 해밀턴 사이클이 유일한 것은 아니다. $n=3$의 경우 상하를 반전시킨 것 한 가지가 더 존재하여 2가지, $n=5$의 경우 총 4가지가 존재한다. 증명이 끝난 뒤 해밀턴 사이클의 개수에 대한 추가 탐구가 들어갈 것이다. 그것을 참고해주길 바란다). 한편 n이 짝수인 경우 해밀턴 사이클이 존재하지 않는다는 것에 대한 증명은 이와 비슷한 방법으로 이루어졌다.

(라) 탐구 결과

명제 2.1

n이 홀수이면 $2\times n$형의 그래프는 해밀턴 사이클을 가진다.

(증명)

우선, 헤밀턴 사이클이 되기 위해서는 그래프 가장 끝 부분의 전형 그래프에 대한 충분한 사실이 얻어져야 한다. 그래프의 가장 끝 부분은 전형그래프로 간주될 수 있으므로 그래프의 끝부분으로 전형그래프의 성질을 알아보자.

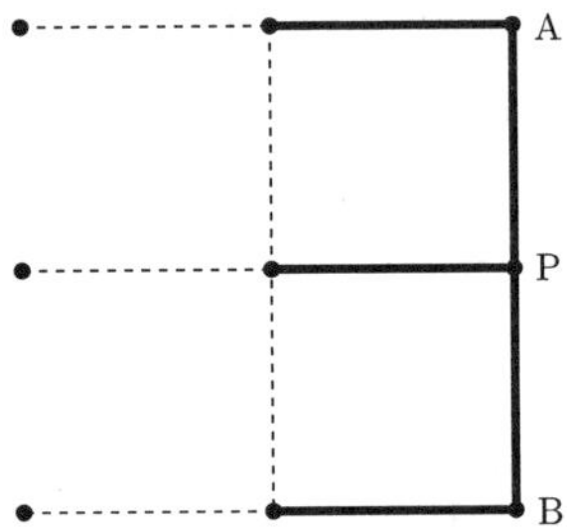

그림18 그래프의 오른쪽 끝

위의 그림은 $2\times n$그래프의 오른쪽 가장 끝 부분만을 나타낸 것이다. 이 그래프가 만약 해밀턴 사이클을 갖는다면, 정의에서 점 P를 반드시 한 번만 지나야한다. 이에 따르면 A에서 오는 변, B에서 오는 변, 수평 방향에서 오는 변, 총 3개의 변 중 1개를 제외하여 해밀턴 사이클을 구성해야 한다. 그런데 A쪽 변을 제외하고 해밀턴 사이클을 구성할 수 있다고 하면 A의 차수는 1이므로 해밀턴 사이클의 자명한 조건 "각 점의 차수가 2이상이다."에 위배된다. 따라서 P와 A사이를 연결하는 변을 제외하고는 해밀턴 사이클이 구성될 수 없다. B에 대해서도 마찬가지의 논법이 성립한다. 따라서 해밀턴 사이클을 구성할 수 있다면 수평 방향에서 오는 변이 제외될 수밖에 없다.

지금까지 설명한 가장 끝부분의 그래프를 전형 그래프의 일부로 간주한다면 수평 방향에서 P로 잇는 변을 제외하고 나면 그림 19와 같은 필수적인 변들을 얻는다.

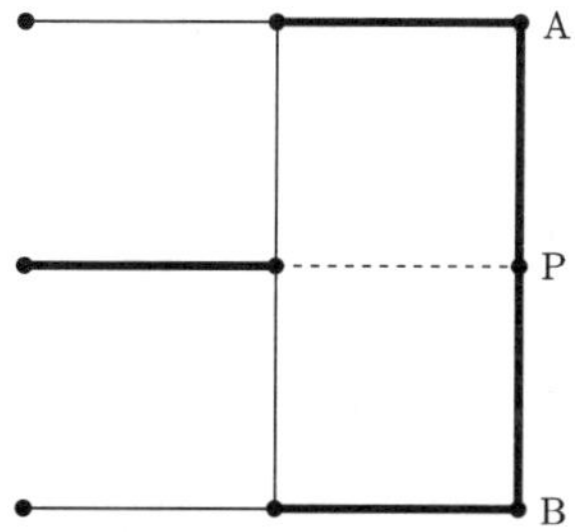

그림19 굵은 선은 경로 구성에 필수적인 변들, 가는 선은 미확정,
점선은 확실히 제외된 변들이다.

앞에서 변이 제외된 이외의 것은 증명하지 않고 다음 그림을 싣는데, 변이 제외된 이후의 증명은 간단하므로 번호를 주어 간략히 설명하고 넘어간다.

① A, B에 연결된 각 변:
A, B는 차수가 2이므로 각 정점에 연결된 변을 모두 택해야만 한다.

② 중앙의 점에 연결된 변:
P와 연결될 수 없다는 사실은 이미 보여 졌다. 따라서 중앙점과 연결된 변은 나머지 셋 중 둘을 택하게 되는데, 만약 굵게 표시된 변을 택하지 않으면 길다란 입 구(口)자가 되어 독립적으로 폐회를 이룬다. 따라서 표시된 변을 택할 수밖에 없다.

이것으로 전형 그래프에 대한 필요한 모든 사실들은 밝혀졌다. 이제 $2\times n$형의 그래프에 전형 그래프를 덧붙여 $2\times(n+2)$ 그래프를 구성할 때 생기는 일에 대해 알아보자. $2\times n$의 해밀턴 사이클 구성 가능성이 $2\times(n+2)$ 그래프의 해밀턴 사이클 구성 가능성과 같음을 보일 것이다.

만약 $2\times n$ 그래프의 해밀턴 사이클이 구성된다고 하자. 그러면 앞선 논의에서 그림 20의 A'-P'-B'경로는 필수적이다. 또 그 옆에 단순히 전형 그래프를 놓은 경우 그림 21과 같이 보인다.

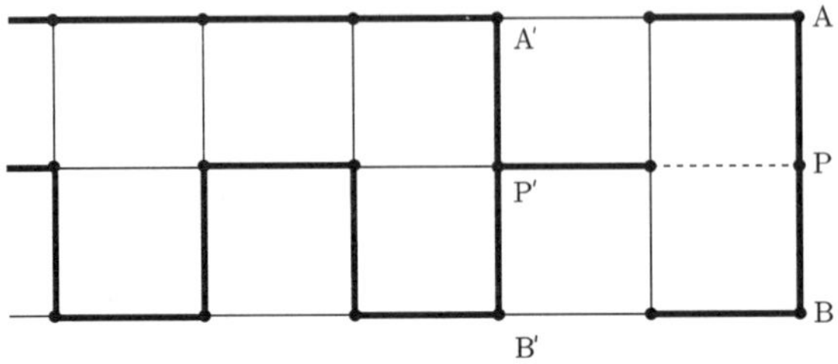

그림20 그림21과 전형 그래프를 단순히 합쳐 놓은 모습.

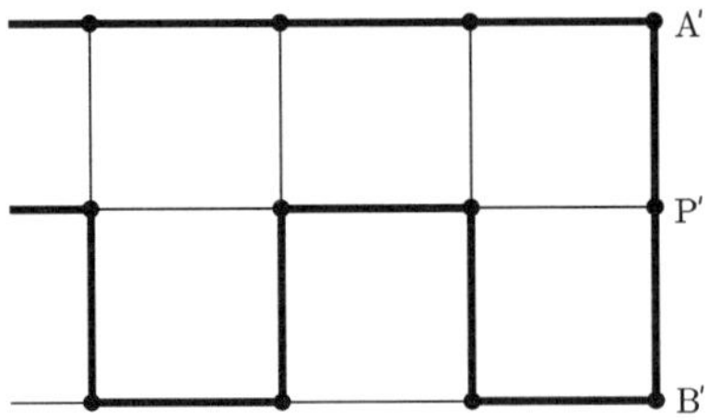

그림21 A'–P'–B'경로는 필수적이다.

그림 21의 그래프의 변 A'P', B'P'중 선택하여 한 쪽을 없앤 후 적당히 조작하면 다음과 같은 해밀턴 사이클이 얻어진다. 그림을 해석하자면 A'-P'-B'의 일부가 사라지고, 사라진 경로가 전형 그래프의 경로로 옮겨졌다.

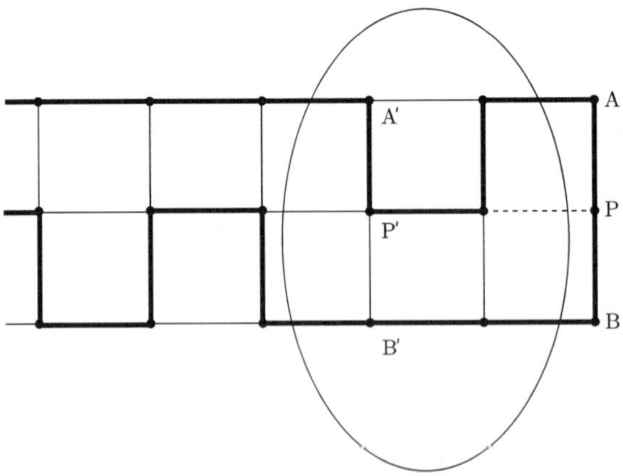

그림22 A'P'을 택한 모습. 표시한 부분을 그림 21과 비교할 것.

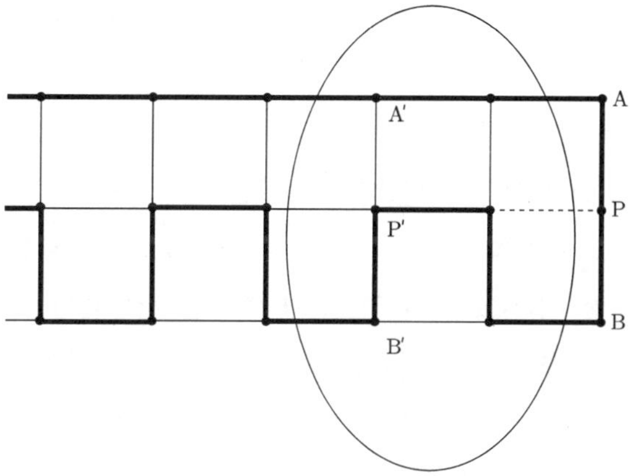

그림23 B'P'을 택한 모습, 표시한 부분을 그림 21과 비교할 것.

따라서 $2\times n$의 해밀턴 사이클이 구성 가능하면 $2\times(n+2)$ 그래프의 해밀턴 사이클 구성 또한 가능하다.

이 증명의 역과정을 통해 이것의 역을 증명할 수 있다. 따라서 $2\times n$의 해밀턴 사이클 구성 가능성과 $2\times(n+2)$ 그래프의 해밀턴 사이클 구성 가능성은 같다.

한편 $n=1$인 경우 해밀턴 사이클은 구성될 수 있고, $n=2$인 경우 해밀턴 사이클은 구성 될 수 없다. 따라서 n이 짝수이면, 그래프는 해밀턴 사이클이 존재하지 않고 홀수인 경우 해밀턴 사이클은 존재한다.

(마) 추가 탐구

n이 홀수일 때에만 해밀턴 사이클이 존재함을 보였다. 그렇다면 해밀턴 사이클의 개수는 어떻게 변화할까? 이에 대한 해법은 증명 과정에서 금방 얻을 수 있다. 증명 과정에 따르면 n이 2증가할 때, 즉 전형 그래프를 하나 붙일 때마다 A'P', B'P'중 어느 것을 선택할 것인지 생각해야 한다. 각 경우 하나씩 존재하고, 따라서 해밀턴 사이클 가짓수에 2배가 된다. 초기조건

$n=1$인 경우 1가지이므로, $2\times(2n-1)\,(n\in N)$에 대해 2^n개의 가짓수가 나온다.

여기서 $2\times n$ 그래프의 어떤 해밀턴 사이클과도 독립적인(앞선 증명 방법 이외의 방법으로 구성할 수 있는) $2\times(n+2)$ 그래프의 해밀턴 사이클의 존재를 물어올 수 있다. 그러나 '$2\times n$의 해밀턴 사이클이 구성 가능하면 $2\times(n+2)$ 그래프의 해밀턴 사이클 구성 또한 가능하다.'의 역이 성립하므로 $2\times n$ 그래프의 어떤 해밀턴 사이클과도 독립적인 $2\times(n+2)$ 그래프의 해밀턴 사이클은 존재하지 않는다.

(2) $m\times n$형태의 그래프

(가) 탐구 배경

우리는 앞에서 다룬 $2\times n$형태 그래프의 해밀턴 사이클 존재성에 대한 탐구가 끝난 후, 필연적으로 이를 확장하고 싶다는 생각을 했다. 그 확장된 형태가 $m\times n$이다. 이전의 탐구에서 $2\times n$형태의 그래프를 정의한 것과 비슷한 방법으로 $m\times n$형태의 그래프를 정의한다. 그림 24는 3×5 그래프이다.

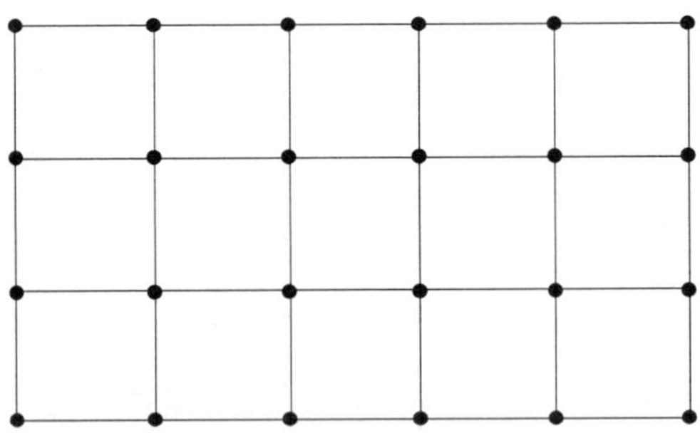

그림24 3×5 그래프. 3×5개의 정사각형이 가로 5줄, 세로 3줄의 형태로 변끼리 접해 있다.

(나) 탐구 이전의 관찰

탐구 배경에서 설명되었듯이 우리는 $2\times n$형태의 그래프에 대한 증명을 가지고 있었다. 따라서 $2\times n$형태의 그래프의 증명과 비슷한 형태의 증명을 기대하고 있었다. 그러나 차이점이 있다면 이 경우는 변수가 2개이기 때문에 이중 귀납법을 사용해야한다는 점이었다. 2변수 명제에서 귀납법을 쓰기 위해서는 한 쪽을 상수로 고정시키고, 나머지 한 변수에 대해 귀납법을 전개해야 한다.

(다) 탐구 과정 및 결과

명제 2.2

m이 홀수이거나 n이 홀수이면 $m\times n$형의 그래프는 해밀턴 사이클을 가진다.

(증명)

이 탐구 역시 $2\times n$과 마찬가지로 몇 가지 실례들을 찾아보는 것에서 시작된다. 이전의 증명 과정을 알고 있기 때문에, 이를 토대로 추론하여 필요한 사항을 비교적 빨리 얻었다. 그림 25에 5×5 그래프의 해밀턴 사이클 하나가 그려져 있다.

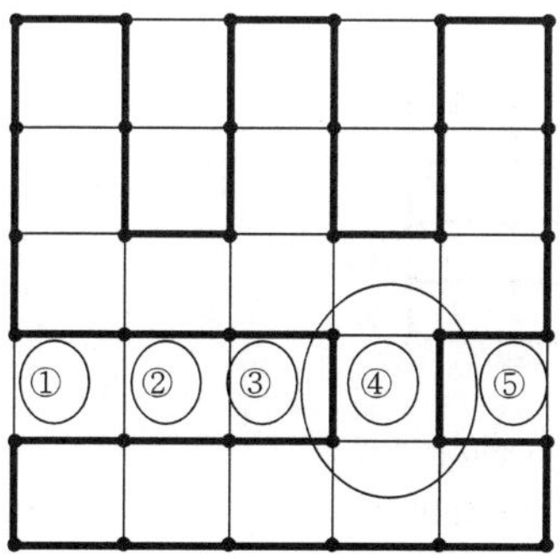

그림25 5×5그래프의 해밀턴 사이클의 하나.

이 형태는 아래의(○이하의) 2개의 점열이 ○표가 되어있는 부분을 통로로 하여 윗부분과 붙어 있는 형태로 간주될 수 있다. 이러한 해석은 ○표가 되어있는 부분을 ①~⑤까지 좌우로 움직이는 다른 해밀턴 사이클을 생각할 수 있다. 그리고 2×5를 덧붙여 그림 26, 그림 27의 $7\times5, 5\times7$ 해밀턴 사이클을 생각할 수 있다.

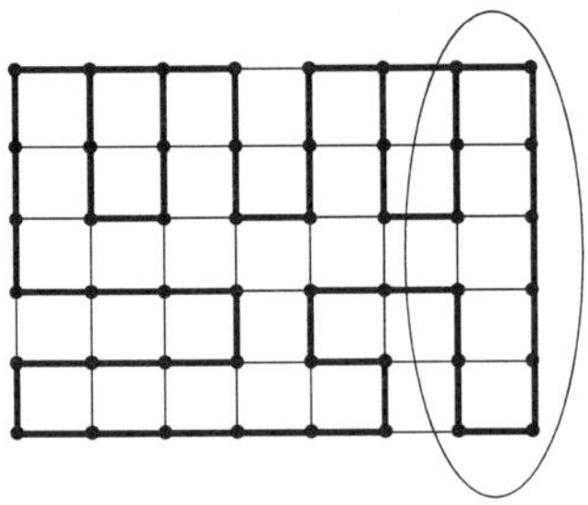

그림26

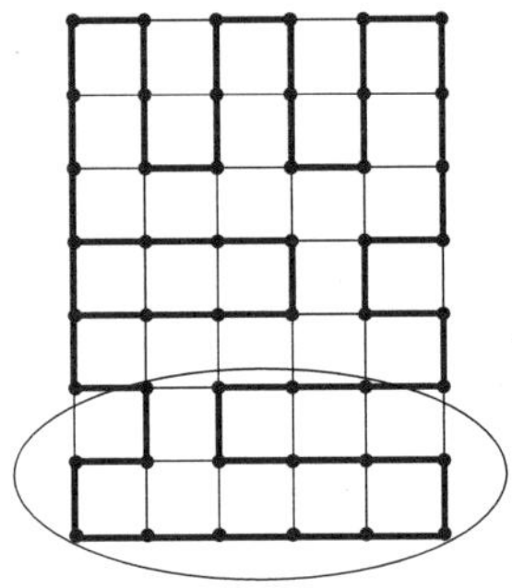

그림27

편의상 그림 26과 같은 덧붙임을 '2-가로 확장', 그림 27과 같은 덧붙임을 '2-세로 확장'이라하자(각각은 가로로 2칸, 세로로 2칸 늘어나 있다).

앞의 예는 해밀턴 사이클이 존재하는 $m\times n$형태의 그래프의 2-가로 확장과 2-세로 확장이 존재함을 알려주는 좋은 예이다. 다음을 확인해 보자.

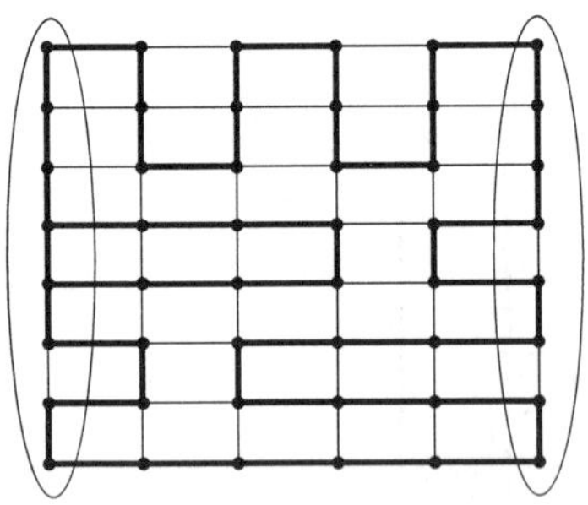

그림28 해밀턴 사이클을 구성하는 변이 양 끝 열에 항상 존재한다.

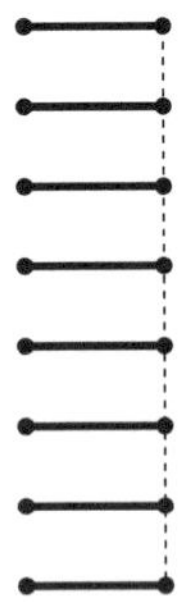

그림29 그렇지 않다면 모순이다.

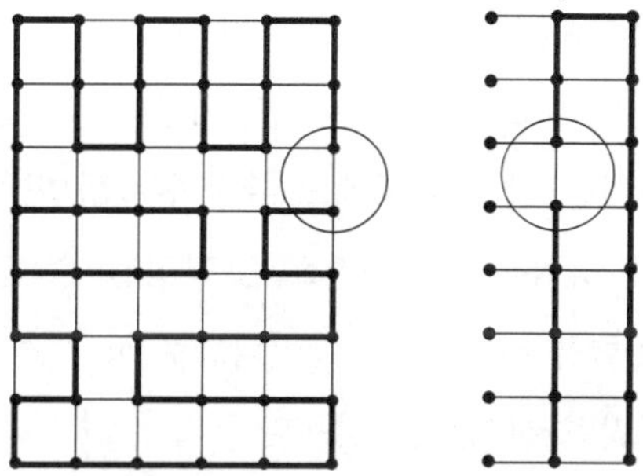

그림30 원래 표시된 부분은 $m\times n$, $m\times 1$의 해밀턴 사이클을 이루고 있었다.

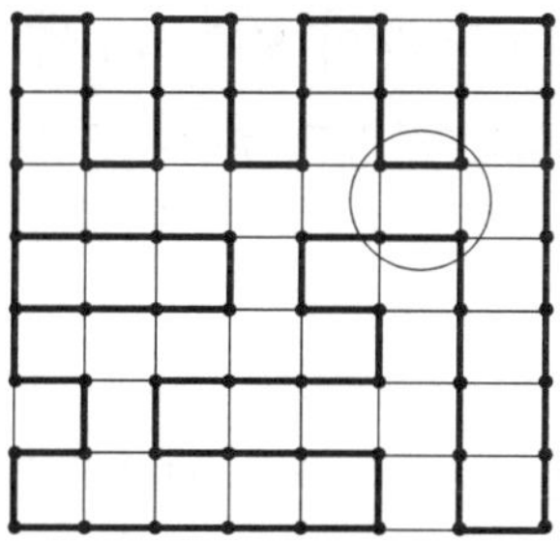

그림31 해밀턴 사이클이 표시된 부분을 통로로 연결했다.
이로써 해밀턴 사이클이 구성되었다.

$m\times n$의 해밀턴 사이클을 갖는다고 가정하자. 그리고 $m\times n$의 2-가로 확장을 시도하자($m\times 2$를 위 또는 아래로 붙이자). $m\times n$의 가장 끝에 위치한 두 열 중 어느 한 곳을 택하자. 어느 쪽을 택하던 그 열 위에는 $m\times n$의 해밀턴 사이클을 구성하는 변이 있다(그림 28). 만약 그렇지 않다면 해밀턴 사이클 상에서 그 행의 모든 정점들의 차수는 1이하이다. 그러나 이는 해밀턴 사이클의 조건에 위배된다(그림 29). 열 위의 $m\times n$의 해밀턴 사이클을 구성하는 변 중 하나를 임의로 선택하여 없애라. 그리고 같은 위치에 $m\times 1$의 해밀턴 사이클을 구성하는 변을 없애라(그림 30). 그리고 그 둘을 연결하면 통로가 만들어지며 $(m+2)\times n$의 해밀턴 사이클이 구성된다(그림 31).

가로 확장뿐만 아니라 세로 확장도 마찬가지다.

이것으로 $m\times n$이 해밀턴 사이클을 가지면 $m\times(n+2)$, $(m+2)\times n$ 또한 해밀턴 사이클을 가지고 있는 것이 증명되었다(안타깝게도 $2\times n$과 달리, 증명 과정에서 등장하는 방법 이외에도 확장하는 방법에는 여러 가지가 있기 때문에, 그 역의 성립은 이것만으로는 확정될 수 없다). 또한 1×1과 1×2가 해밀턴 사이클을 갖는 것은 확인되므로 m, n중 하나라도 홀수이면 $m\times n$ 그래프는 해밀턴 사이클을 갖는다.

이제 m, n이 모두 짝수인 경우에 대한 해밀턴 사이클의 존재 여부에 관한 문제만 남았다. 우리는 'm, n이 모두 짝수인 경우에 $m\times n$형 그래프는 해밀턴 사이클을 갖지 않는다.'라고 추측하고 있다.

III. 결론

그래프 이론의 역사는 짧지만 우리 생활에서 다양하게 사용되고 있다. 앞으로 우리는 특정 그래프에 대한 연구에서 얻은 결과를 밑거름으로 하여 그래프 이론의 여러 문제들을 꾸준히 연구해야 할 것이다.

• 참고문헌

1) Richard Johnsonbaugh, Discrete Mathematics, 7th ed., Prentice-Hall, 2009

2) Robin J. Wilson and John J. Watkins, Graphs, John Wiley & Sons, Inc., 1990

05
위대한 수학자들

5.1 아르키메데스의 역학

아르키메데스는 고대 그리스의 위대한 수학자요, 기술자인 동시에 발명가였다. 그는 이탈리아 시칠리아 섬 항구 도시인 시라쿠사에서 태어났다. 아르키메데스는 시라쿠사의 왕인 히에론 2세의 가까운 친척이었다. 아르키메데스가 부력의 법칙을 발견한 것은 시라쿠사의 통치자 히에론 2세와의 친분관계 때문이었다. 히에론 왕은 우연한 기회에 그 나라에서 가장 솜씨 좋은 금 세공사에게 순금으로 된 왕관을 만들어 오도록 명령했다. 명령을 받은 세공사는 오래지 않아 찬란한 왕관을 가져왔다. 히에론 왕은 금 세공사의 정교한 솜씨에 놀랐다. 그리고 그에게 후한 상금을 내렸다. 금 세공사가 돌아간 후 히에론 왕은 가져온 왕관의 무게를 달아 보았다. 그리고 처음 기록해 두었던 순금덩어리의 무게와 비교해 보았다. 무게가 똑같았다. 그러나 얼마 후에 이상한 소문이 나돌기 시작했다. 소문의 내용은 금 세공사가 왕에게 받은 금을 전부 사용하지 않고 그 일부를 가로채고 대신 은을 섞어 왕관을 만들었다는 것이었다. 소문을 들은 히에론 왕은 매우 불쾌하게 생각하여 어떻게 진상을 규명할 것인가를 곰곰이 생각했다. 히에론 왕은 금 세공사의 정직성을 의심하지 않을 수 없었다. 그래서 금관이 정말 순금으로 만들어졌는지를 알아내기 위해 아르키메데스를 불러, 아름다운 금관이 손상가지 않도록 금의 함량을 알아내도록 명령했다. 그 당시 아르키메데스는 지레의 원리를 발표하여 명성을 얻고 있었다.

아르키메데스는 히에론 왕으로부터 받아 온 왕관을 연구실 책상 위에 올려놓고 우선 그 세공기술에 감탄했다. 그러나 한 편으로는 큰 고민에 빠졌다. 금이 은보다 무겁다는 사실을 알고는 있지만, 금에 은이 섞여 있는지 여부는 어떻게 알아 내야할지 아르키메데스는 침식도 잊은 채 며칠을 연구실에 틀어박혀 왕관만을 바라보고 있었다.

아르키메데스는 여러 날을 골몰히 생각하던 중 하루는 우연히 목욕탕에 갔다. 욕조에 가득 찬 물속에 들어갔을 때 그는 욕조에 몸을 가라앉힌 용적의 양만큼 물이 넘친다는 사실을 문득 깨달았다. 이 현상의 근본 원리가 떠오르는 순간 그는 정신 없이 벌떡 일어나 벌거벗은 채로 시라쿠사의 말로 유레카(발견했다는 뜻)! 유레카! 라고 소리치면서 자기 집으로 달려갔다고 한다. 아르키메데스는 그 발상에 바탕을 두고, 왕관과 같은 중량의 덩어리 두 개를 만들었다. 한 덩어리는 금으로 만들고, 다른 한 덩어리는 은으로 만들었다. 그리고 큰 그릇에 물을 가득 채우고 그 속에 은덩어리를 넣자, 은덩어리가 들어간 양 만큼의 물이 넘쳐흘렀다. 그리고 다시 은 덩어리를 꺼내고 줄어든 만큼의 물을 채운 다음 보충한 물의 양을 측정했다. 따라서 일정한 용적의 물의 양이 은에 얼마만큼 해당하는가를 알아냈다.

아르키메데스는 이 사실을 알고 나서, 이번에는 물을 가득 채운 용기에 금덩이를 넣고 넘친 물의 양을 측정했다. 금덩이는 같은 중량의 은덩이보다도 용적이 적은 만큼 넘친 물의 양도 적다는 것을 알았다. 그래서 아르키메데스는 다시 한 번 용기에 물을 가득 채우고 문제의 왕관을 넣었다. 그랬더니 같은 중량의 금덩이 보다는 많은 양의 물이 흘러넘쳤다. 이것으로 금관은 은을 섞어 만들었으며, 금을 많이 떼어 먹었다는 사실이 밝혀졌다. 히에론 왕은 탄복했다. 역시 아르키메데스는 대과학자이자 대수학자이며, 발명가라고 극찬했다. 부정이 폭로된 금 세공사는 물론 처벌을 받고 몰락하고 말았다.

아르키메데스는 히에론 왕의 이 사건으로 "액체 중에 있는 물체는 그 물체가 밀어낸 액체의 무게만큼 부력을 받는다."라는 유명한 아르키데스의 원리(부력의 원리)를 발견했다.

5.2 수학자 아르키메데스

로마의 역사학자들은 아르키메데스에 관한 많은 재미있는 이야기를 전하고 있다. 특히 로마 장군 마르켈루스(Marcellus)가 시라쿠사를 공격했을 때 아르키메데스가 시라쿠사를 지키기 위해 고안한 여러 가지 훌륭한 장치에 대한 설명이 있다. 그중 적의 배가 도시 성곽에 가까이 접근했을 때 그 배에 무거운 돌을 떨어뜨릴 수 있는 투석기가 있었다. 그것은 사정거리를 조정할 수도 있고 이동 발사 장치도 갖고 있었다. 또 그는 적의 배를 물에서 끌어올리게 할 수 있는 기중기도 만들었으며 적의 배를 불태우기 위해 커다란 볼록렌즈를 사용했다는 이야기도 있다. 한편 많은 사람들이 달라붙어야 간신히 끌어올릴 수 있는 커다란 배를 그는 복합 도르래 장치를 이용해 간단히 혼자서 끌어올린 후에 다음과 같이 외쳤다고 한다. "나에게 충분히 긴 지렛대와 서 있을 자리를 다오. 그러면 지구를 움직여 보일 것이다!"

아르키메데스는 유명한 부력의 원리, 원주율 π 및 이를 이용한 원의 넓이 구하기, 구의 겉넓이, 구와 원기둥의 부피 관계를 밝히는 등 많은 업적을 남겼다. 실생활에서 응용된 아르키메데스의 원리들에는 다음과 같은 것이 있다.

잠수함의 잠수 원리는 아르키메데스의 부력 원리를 이용한 것으로, 한 물체의 일부 또는 전부가 어떤 액체 속에 잠겨 있으면 그 물체에 의해 밀려 나온 액체의 중량과 크기가 같고 방향이 반대인 상향력(부력)이 그 물체에 걸리게 된다는 것이다. 즉, 잠수함이 바닷물 속에 잠수되어 있을 때 잠수함의 압력선체(사람이 활동하고 장비가 탑재되는 밀폐된 공간)의 체적만큼 가벼워지는데 이 부력이 잠수함의 무게와 같을 때 잠수함은 바닷물 속에서 뜨거나 가라앉지 않는다. 만약 이 상태에서 잠수함이 부력을 더 가지게 된다면 수면으로 떠오르게 될 것이다. 1620년도의 초기 잠수 개념으로는 밀폐된 함정 내에 가죽 격벽을 사용하고 안쪽으로 이동시킴으로써 현측에 뚫린 관총구를 통해 물을 유입시켜 배를 무겁게 하여 잠수 시켰다. 또한 나사를 이용하여 가죽 격벽을 밀어냄으로써 무게를 줄이고 부력을 가지도록 했다.

현대 잠수함에서는 주로 공기탱크를 압력선체 외부에 설치하여 공기탱크 내에 물이 채워졌을 때 잠수함의 무게가 부력과 같아지도록 조정하고 수면으로 부상하기 위해 공기탱크 내에 압축공기를 공급하도록 하고 있다. 따라서 잠수는 공기탱크 내의 공기를 밖으로 배출할 수 있도록 공기탱크 상부에 있는 차단밸브를 열어서 이루어지며 이때 자유 충수구로 바닷물이 유입되어 공기탱크를 채우게 된다. 차단밸브의 개폐와 공기탱크 내로의 압축공기 공급은 압력선체 내에서 조작한다. 잠수함의 승선 인원 또는 장비가 추가되어 무거워질 경우 무거워진 만큼의 무게를 보상하기 위한 물탱크를 별도로 압력선체 내에 설치하여 물탱크 내의 물을 잠수함 외부로 배출하여 무거워진 무게를 조정한다.

놀이공원 등에서 볼 수 있는 원형보트는 스릴과 재미를 동시에 즐길 수 있는 놀이시설이다. 이 원형보트도 사실은 아르키메데스의 부력의 원리를 응용하여 만든 것이다. 원형보트는 밑바닥이 평평하고 둥근 모양으로 수로의 폭이 넓으면 물이 느리게 흐르고 수로의 폭이 좁으면 물이 빠르게 흐른다. 보트가 물에 가라앉지 않고 뜨는 것은 바로 물이 물체를 떠받치는 힘인 부력 때문이다. 즉 물이 물체를 떠받치는 힘이 물체가 물에 가하는 힘보다 크기 때문에 원형보트는 절대 뒤집히거나 곤두박질치지 않는다.

아르키메데스 (Archimedes, B.C. 287~B.C. 212)

고대 그리스의 최대 수학자이자 물리학자다. '아르키메데스의 원리', '구에 외접하는 원기둥의 부피는 그 구 부피의 1.5배다.'라는 정리를 발견했다. 지렛대의 반비례 법칙을 발견하여 기술적으로 응용했으며, 그 외의 업적으로 그리스 수학을 더욱 진전시켰다.

5.3 아르키메데스의 기하학

아르키메데스는 기하학에 매우 큰 업적을 남겼다. 아르키메데스의 연구 업적 중 유일하게 출판되어 전해지고 있는 것은 수학 논문들뿐이다. 그는 원의 측정이란 논문에서 원주율(파이)의 값을 구해냈다. 즉 원의 둘레와 원의 반지름의 비율을 정확하게 나타냈다. 그리고 그는 포물선의 넓이, 부피를 구하는 것과 공과 그 외접하는 원기둥과의 관계를 밝혀내기도 했다. 그가 밝혀낸 방법은 2천 년이 지난 후, 아이작 뉴튼에 의해 발견된 미분학 출현의 근간이 되기도 했다.

아르키메데스는 역학 분야에서도 천재적인 기질을 발휘했다. 그는 지레의 원리를 발견하였고 지렛대의 원리를 응용하여, 크기가 너무 커서 바다에 띄우지 못했던 당시의 군선을 거뜬히 바다에 진수시킨 적도 있었다. 또, 전쟁에 사용하는 투석기를 발명하여 전쟁에 직접 활용했으며, 아르키메데스의 나선은 양수기에 응용하여 활용했다. 이 나선 양수기는 오늘날에도 이집트 나일 강 유역 지방에서 물을 푸는 데 사용되고 있으며 헬리콥터 발명에 기초가 되기도 했다. 또 일설에 의하면, 태양광선을 초점에 모은 요면경을 발명하여, 적군의 배를 불살라 버렸다고도 한다.

아르키메데스는 많은 군사 무기를 발명하여, 시라쿠사의 도시가 수개월에 걸친 로마군의 포위 속에서도 견딜 수 있게 했다. 그러나 로마군은 끝내 시라쿠사를 점령하고 말았다. 시라쿠사를 점령한 로마군은 그 동안의 고생과 많은 동료들의 희생에 대한 보복으로 점령지 사람들을 무차별 학살하기 시작했다. 그 때 아르키메데스도 생포되어, 예우를 갖추라는 로마군 상사의 명령에도 불구하고 일개 병사의 칼에 희생되고 말았다.

아르키메데스는 기원전 287년부터 212년까지 생존했다고 알려져 있는데 《플루타크의 영웅전》에 나와 있는 그의 최후는 매우 유명하다. 제2차 포에니 전쟁이 한창일 때, 로마 함대는 아르키메데스가 살고 있는 작은 도시 시라쿠사를 공격했다. 로마군의 지휘관 마르켈루스는 여덟 척의 군함을 연결하여 그 위에 높다란 하프형의 대를 만들어 대포를 설치했다. 자만심에 들뜬 마르켈루스는 자신들의 명성만으로도, 많은 배를 보기만 하여도 시라쿠사인들이 항복하리라고 생각했다. 그러나 시라쿠사인들은 아르키메데스가 만들어 낸 거대한 투석기로 몇 톤이 넘는 돌을 연이어 쏘아 로마군의 배를 파괴했다. 또, 기다랗게 생긴 기중기와 쇠로 된 갈고리로 성벽 너머에 가까이 오는 배를 잡아 휘둘러서 바윗돌에 던져 가루로 만들어버리거나 침몰시켰다. 그 후 정면 공격을 단념한 로마군은 여신 아르케미스의 축제일에 배후에서 시라쿠사로 쳐들어왔다. 대부분의 시라쿠사인들은 술에 취해 있었다. 아르키메데스는 땅에 원을 그리며 생각에 잠겨 있었다. 이때, 로마 병사 하나가 뛰어들어 그가 모래판에 그려놓은 도형을 밟고 지나가려 하자 아르키메데스는 "이 그림을 밟지마라!"고 호통을 쳤다. 무식한 병사가 이 위대한 과학자의 마음을 헤아릴 턱이 없었다. '시건방진 늙은이가 제 처지도 모르고'라는 욕설과 동시에 오랜 전쟁에서 거칠어질 대로 거칠어진 이 로마 병사는 아르키메데스를 단칼에 베어 죽이고 말았다.

위대한 아르키메데스를 진심으로 존경하고 있었던 침략군의 사령관 마르켈루스는 나중에야 이 사실을 알고 몹시 가슴 아파했다고 한다. 생전에 아르키메데스는 기하학적 그림에 내포되어 있는 매우 아름다운 수학적 조화를 발견하고 늘 자신이 죽으면 그 모양으로 묘비를 세워 줄 것을 가족들에게 부탁했다고 한다. 이 사실을 전해들은 사령관이 고인의 위대한 업적을 길이 빛내기 위해 원기둥에 구가 내접하도록 새긴 묘비를 세운 것이다.

아르키메데스 나선 (아르키메데스 소용돌이)

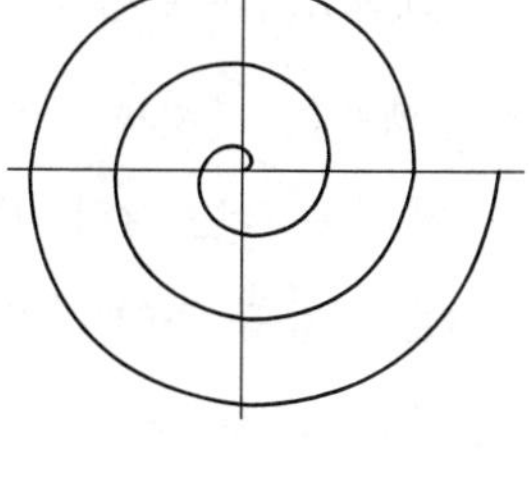

기원전 3세기의 수학자인 아르키메데스의 이름을 딴 나선(소용돌이)이다. 이는 고정된 점을 중심으로 일정한 속도로 멀어져 가며 각속도 또한 일정하다. 극좌표에서는 다음의 등식으로 표현될 수 있다.

$r = a + b\theta$ (a와 b는 실수)

5.4 아르키메데스의 원리

아르키메데스가 지구라도 움직여 보이겠다고 주장할 수 있었던 것은 바로 지렛대의 원리를 알았기 때문인데, 이 원리를 응용한 것이 바로 도르래이다. 도르래는 기본적인 기계요소들 가운데 하나로 바퀴에 기초를 두고 있다. 바퀴에 줄이나 벨트 또는 체인을 걸어 힘의 방향을 바꾸거나 힘의 효력을 확대할 수 있다.

고정 도르래는 우물의 두레박에서 쉽게 찾아볼 수 있다. 고정 도르래는 바퀴에 걸린 물건을 끌어올리는 데 이용되며 힘의 방향을 바꿔 물건을 쉽게 들어 올릴 수 있는 장점이 있다. 그러나 물건의 무게와 같은 크기의 힘이 들기 때문에 힘의 효과를 크게 하는 작용이 없다. 이동 도르래는 물건의 무게와 도르래의 무게를 합한 것의 절반밖에 힘이 들지 않는다. 즉 이동 도르래는 줄을 보통보다 길게 끄는 대신 힘의 효과를 크게 한다. 고정 도르래와 이동 도르래의 단점을 보완한 것이 복합 도르래이다. 복합 도르래는 고정 도르래와 이동 도르래를 조합해 힘의 방향을 바꿈과 동시에 힘의 효과를 확대할 수 있다는 이점이 있다.

도르래를 이용한 것 중 하나가 바로 우리 주위에서 쉽게 찾아볼 수 있는 엘리베이터다. 대부분의 사람들에게는 물체를 위로 끌어올리는 것보다 아래로 당기는 것이 더 쉽다. 고정 도르래는 운동의 방향을 바꿀 필요가 있는 기계에 쓰이는데 이 중 하나가 엘리베이터이다. 엘리베이터의 반대쪽에는 평행추가 매달려 있어서 엘리베이터가 올라가면 평행추는 아래로 내려간다. 이 때 도르래의 밧줄을 당기는 데 드는 힘과 물체의 무게는 같다. 주위에서 볼 수 있는 오래된 건물들 역시 지렛대의 원리를 이용한 것이 많은데, 그 대표적인 예로 조선시대 정조대왕 때 건축된 수원성을 들 수 있다.

수원성은 조선시대 '성곽의 꽃'이라고 불리는데 1794년에 축조하기 시작하여 1796년에 완성되었다. 당시 수원성의 축조를 맡았던 정약용은 - 그가 아르키메데스의 원리를 서학을 통해 접했는지는 알 수 없지만 - 축성 과정에서 새로운 차원의 개념을 도입했다. 우선 작업 과정에서 인부들의 일정한 작업량에 따라 임금을 받을 수 있도록 하여 작업 능률을 높였고, 자재를 운반하는 새로운 수레와 거중기라는 돌을 들어 올리는 첨단 기계까지 고안해 냈다. 거중기뿐만 아니라 녹로, 유형거 등을 고안해 40근의 힘으로 25,000근의 무게를 움직일 수 있게 되었다. 이러한 기계들이 바로 아르키메데스의 '지렛대의 원리'와 일맥상통하는 것이라고 할 수 있다.

아르키메데스는 기하학 중에서도 특히 원, 구에 대해 많은 고심을 했고, 그 결과 원주율, 원의 넓이, 구의 겉넓이, 그리고 그가 죽는 순간까지 고심하던 구와 원기둥의 관계 등에 대해 많은 법칙을 발견했다. 이러한 법칙들을 정리하여 가던 중에 그는 지금의 축구공 모양과 비슷한 형태의 다면체는 정이십면체의 꼭짓점을 깎아서 만든다는 것을 발견했다. 정이십면체의 열두 개 꼭짓점이 깎여서 열두 개의 정오각형이 되고, 정이십면체의 스무 개의 면은 깎여서 스무 개의 정육각형이 된다. 아르키메데스의 다면체 이론은 크리스털 등의 결정 이론, 바이러스나 생명체 연구, 재료공학, 금속공학, 신소재 연구, 건축 이론 등이나 예술 작품, 달력 제작, 주사위 등의 놀이기구를 만드는 데에 많이 활용된다.

5.5 수학의 황제 가우스

아름다움이란 조화에서 나타난다고 했던가? 작곡가들은 소리를 잘 조화시켜서 음악을 만들고 미술가들은 형태와 색을 잘 조화시켜서 미술 작품을 만들며, 시인들은 단어를 잘 조화시켜서 시를 쓴다. 마찬가지로 수학자들은 아이디어를 논리적으로 잘 조화시켜 수학적인 명제를 만들어 낸다. 따라서 음악, 미술, 시가 아름다운 것처럼 수학도 아름답다고 할 수 있다. 이런 이유에서 수학은 종종 음악과 비교되곤 한다. 위대한 음악가들이 훌륭한 연주자와 작곡가 또는 두 가지 모두에 능통한 사람으로 분류되듯이 수학자들도 수학을 잘 이용하는 응용 전문가와 수학 이론을 만드는 순수수학자 또는 모두에 뛰어난 사람들이 있다.

인류 지성사에 세 사람의 과학자를 손꼽는다면 아르키메데스와 뉴턴과 더불어 가우스를 꼽을 수 있다. 특히 수학의 황제라고 칭하는 가우스는 18세에 정 17각형을 작도하며 수학 세상에 데뷔한 이래 거의 50년 동안 수론, 대수학, 함수론, 미분기하학, 확률론, 천문학, 역학 측지학, 유체정학, 정전기학, 자기학, 광학에 이르기까지 순수수학과 응용수학에 수준 높은 많은 업적을 남겼다. 그의 연구 범위는 너무 광범위해서 19세기 과학의 대표주자가 되었으며, 곡선에 대한 그의 연구를 통해 일반 상대성 이론에 기초하고 있는 20세기 과학의 수학적 기반을 만들었다.

가우스는 그의 아버지 겝하르트 드트리히 가우스와 재혼한 아내인 도로테아 벤제의 외아들로 1774년 4월 30일에 태어났다. 그의 어머니는 하녀 출신으로 글을 배우지 못해 글자를 거의 읽지 못했으나 좋은 지능과 훌륭한 유머감각이 있는 강한 개성을 지닌 여자였다고 한다.

가우스에 대한 많은 일화가 있다. 그중 세 살밖에 되지 않았던 가우스가 그의 아버지가 일꾼들에게 주급을 지급할 때 아버지의 계산이 틀렸다고 지적한 이야기와 자신이 말보다 계산법을 먼저 배웠다는 이야기는 유명하다. 특히 가우스가 일곱 살 되던 해에 성 캐서린 초등학교에 입학해서 그의 담임선생님인 뷔트너가 낸 산수 문제인 '1부터 100까지 모든 정수의 합을 구하라'는 문제를 단 몇 초 만에 계산한 것은 유명한 일화이다. 그는 이미 초등학교 일학년 때 등차수열의 합을 계산할 줄 알았던 것이다.

선생님이 놀라서 가우스에게 설명을 요구하자 1+2+ ⋯ 99+100을 쓰고 그

밑에 100+99+ … +2+1을 써놓고 '세로로 각 항을 더하면 101이 되고 항의 수가 100이니 구하는 합은 2배이므로 50×101=5050이다.' 라고 설명했다는 것이다.

이 사건은 매우 상징적인 것이다. 가우스는 일생을 위와 같은 냉정함을 유지해 정확한 결과만을 발표했다. 이 사건은 가우스의 일생에 커다란 전환점이 되었다. 뷔트너 선생은 가우스에게 더 이상 가르칠 것이 없다는 사실을 깨닫고 그에게 특별한 책을 주문해 주었다. 가우스는 뷔트너 선생의 조수였던 열 여덟살 된 바르텔스와 가깝게 지내게 되었고 나중에 수학 교수가 된 바르텔스는 뷔트너보다 가우스를 더 잘 이해하고 도와주었다.

뷔트너와 바르텔스는 가우스의 아버지를 방문해 가우스의 교육에 관해 이야기 했지만 교육비를 대기 어렵다는 이유로 가우스가 보다 좋은 교육을 받는 것을 내키지 않아 했다. 그러나 두 선생님은 가우스를 위해 특별 후원자를 찾았고, 다행히 페르디난트라는 공작을 만나게 된다. 공작은 1791년부터 천재소년의 계속적인 교육에 필요한 모든 것을 후원해 주기 시작했으며 그의 재치를 통해 수줍음 많은 소년 가우스의 신뢰와 사랑을 얻어낸다.

가우스 카를 프리드리히 (Gauss, Carl Friedrich, 1777~1855)

독일의 수학자다. 대수학 · 해석학 · 기하학 등 여러 방면에 걸쳐서 뛰어난 업적을 남겨, 19세기 최대의 수학자라고 일컬어졌다. 수학에 이른바 수학적 엄밀성과 완전성을 도입하여, 수리물리학으로부터 독립된 순수수학의 길을 개척하여 근대수학을 확립했다.

5.6 급수의 천재 푸리에

현대사회는 정보와의 싸움이라 해도 과언이 아니다. 지금은 쏟아져 나오는 정보를 처리하고 정리하는 일도 예전처럼 간단하지 않을 뿐만 아니라 시시한 정보의 과잉으로 말미암아 골칫거리가 되는 일이 한둘이 아니다. 아침에 일어나서 잠자리에 들 때까지 정보의 홍수 속에서 허우적거리고 있다. 과연 신문이나 방송 정보가 얼마만큼 우리에게 필요할까? TV는 쓸데없는 정보를 우리 머릿속에 부어 넣는 기계라 해도 과언이 아니다. 또한 우편물이 오면 정말로 읽고 싶은 편지는 얼마 되지 않고 대부분은 상업적인 광고로 우리들을 짓누르는 불필요한 정보뿐이다. 그래서 쓸데없는 우편물을 휴지통에 버릴 때는 이상한 쾌감을 느낄 정도다.

그러나 정보의 과잉은 현대에 와서 시작된 것이 아니며 생물의 진화 과정에서부터 있었다고 한다. 어떤 의미에서는 모든 생물은 생명이 태어난 순간부터 정보의 범람과 싸워온 셈이다. 생물은 환경에서 쏟아지는 정보의 빛이나 소리, 냄새 등의 물리, 화학적인 자극을 무한히 받고 있다. 놀라운 점은 생물의 감각기관이 정보를 예민하게 포착하는 능력이 아니라, 쏟아지는 무수한 정보에서 불필요한 것을 걸러내는 능력이다.

영장류를 제외한 대부분의 포유동물은 색을 볼 수 없다고 한다. 그들이 색을 못 보는 이유는 진화가 덜 된 탓이 아니라 색깔은 그들에게 불필요한 정보이기 때문에 색이라는 정보를 무시하도록 감각기관이 진화했기 때문이다.

사람의 눈도 수많은 빛의 광선 중에서 가시광선만을 느끼며 빛 속에 들어 있는 수많은 광선들은 의식하지 못한다. 뿐만 아니라, 그 가시광선을 통해 보이는 모든 정보를 일일이 의식하지도 않는다. 실제 관심을 갖는 것은 자기와 깊이 관련된 일부일 뿐이다. 예를 들면 길거리를 걸을 때 길거리의 휴지나 돌멩이 따위에 일부러 주의를 기울이지 않는 한 눈에 띄지 않으며 시선을 옮기는 순간 곧 잊혀진다. 사람의 얼굴을 보면서도 전체를 기억하는 것이 아니라, 웃는 얼굴이었는지 화가 난 얼굴이었는지 정도만을 기억한다.

지구상에 쏟아지는 전자파는 감마선, X선, 자외선, 가시광선, 적외선부터 이보다 훨씬 파장이 긴 TV파, 단파, 중파, 단파 등 많은 전자파가 존재한다. 그 전자파들이 가지고 있는 정보를 해독해보면 여러 가지 많은 정보들을 가지고 있을 것이다. 만일 우리들이 TV나 라디오가 송출하는 전파를 눈으로 볼 수 있다면 얼마나 시끄러울까? 시끄럽게 계속해서 떠들어대는 마누라에게 시달려 본 사람이라면 불필요한 정보의 차단이 얼마나 감사한지를 깨닫게 될 것이다.

1760년에 태어나 1830년까지 살면서 이런 고민을 가지고 살아온 프랑스의 수학자 푸리에는 이런 것을 수학의 함수를 이용해 푸리에 급수를 만들었다. 그는 사람의 음성이나 악기의 소리를 분석하여 눈으로 확인 할 수 있는 파형을 수학적인 공식으로 만드는 데 성공한 것이다. 흔히 병원에서 볼 수 있는 심전도계 같은 기계도 모두 푸리에 급수를 응용하여 만들었으며 시간에 따라 변하는 신호를 분석하여 쓰이는 기계도 모두 푸리에의 함수를 응용한 것이다. 푸리에는 복잡한 파형들을 사인함수나 코사인함수 등 규칙적인 파형으로 분해하여 푸리에 해석 또는 푸리에 분해를 한다. 이것은 수학에서 자주 쓰이는 분석과 종합의 좋은 본보기다. 푸리에 분해는 음악 외에 소음이나 진동의 조사에도 사용된다. 가정에서 사용하는 에어컨, 세탁기, 자동차 등 모터의 회전에는 반드시 진동이 따르기 때문에 진동의 파형을 분석하여 기계에 이상 있는 부분을 발견할 수 있다. 숙련된 기술자는 기계의 소리만 듣고도 이상이 있는 부분을 알아차리는데, 이것은 그의 귀가 푸리에 해석을 하고 있는 셈이다. 헬리콥터 등의 진동은 때때로 변덕스럽게 변하다가 카오스 상태가 되면서 사고를 일으킨다. 심장의 고동을 비롯하여 여러 가지 소리나 진동의 이상을 체크하는 것도 푸리에의 이 같은 발상과 상통한다.

푸리에 해석을 좀더 알기 쉽게 설명하려면, 단진동과 한계순환진동을 공부해야 한다. 그리고 스펙트럼 분포에 대한 지식도 필요하지만, 이것은 설명이 복잡하여 생략하기로 한다. 그런데 자연계 속에 있는 모든 잡음이나 요동을 스펙트럼으로 분석해보면 3가지가 나오는데, 그중에 가장 중요한 것은 주파수에 반비례하는 1/f 요동이다. 1/f 요동은 큰 진동 내에 작은 진동이 들어가 있고, 다시 그 작은 진동 안에 더 작은 진동이 들어 있는 전체와 부분 사이에 자기 닮음이 있는 이른바 프랙털 구조라는 것이 밝혀졌다. 즉, 1/f 요동의 주파수에 관한 성분 분포에는 질서가 있다는 것을 의미한다.

장 밥티스트 조제프 푸리에 (Jean Baptiste Joseph, Fourier 1768~1830)

프랑스의 수학자이자 수리과학자다. 열전도론(熱傳導論)을 연구하여 1807년 '열의 해석적 이론'을 제출했다.

1822년 완성된 이 이론에는 '푸리에의 정리'가 포함되어 있으며, '푸리에 급수'의 전개에 따라서 그 후의 수리물리학 발전에 크게 공헌했다.

5.7 소수의 대가 오일러

소수란 양의 약수가 1과 자신뿐인 1보다 큰 자연수를 말한다. 약수란 배수에 상대되는 말이다. 합성수란 소수가 아닌 1보다 큰 자연수를 말한다. 다시 말하면, 합성수란 1과 자신 외에 약수가 있다는 말이다. 1이란 수는 소수도 합성수도 아니다. 1보다 큰 자연수는 모두 소인수분해 된다. 소인수분해의 관섬에서 보면 합성수란 더 작은 소수들의 곱으로 인수분해 될 수 있는 수라고 할 수 있다. 반면에 소수는 소인수분해를 해도 자기 자신뿐이고 더 이상 쪼갤 수 없는 수를 말한다. 예를 들어, 6, 12, 18은 각각 2×3, 2×2×3, 2×3×3 과 같이 더 작은 소수들의 곱으로 쪼갤 수 있으므로 합성수다. 반면에 101과 10,079는 복잡해보이지만 소인수분해하여 더 작게 나눌 수 없는 간결한 수이다. 이러한 소수의 간결하고 순수한 매력 때문에 고대 그리스 이래로 사람들은 소수에 많은 관심을 가지고 다루게 되었다.

그들은 임의의 주어진 자연수보다 작은 소수를 모두 구하는 것은 일종의 체를 이용하는 데 이러한 체 중에서 기원전 에라토스테네스(Eratosthenes, B.C. 275 ~ B.C. 194)가 고안한 체가 가장 유명하다. 1에서부터 주어진 자연수까지 전체의 수를 기록해 놓고 2보다 큰 배수들을 지우고 3보다 큰 3의 배수들을 지우고 5보다 큰 5의 배수들을 지우고 .... 이렇게 계속 합성수들을 지워나가면서 소수들만 걸러내는 방법이다.

이렇게 계속 소수들을 구해보자. 소수는 불규칙하게 있지만 그 빈도는 갈수록 줄어든다는 사실을 알 수 있다. 실제로, 1에서 100까지에는 25개(25%)의 소수가 있고, 1에서 1,000사이에는 168개(16.8%)가 있으며, 1에서 10,000 사이에는 1,229개(12.3%)가 있고, 1에서 100,000사이에는 9,552개(9.5%)의 소수가 있다. 이렇게 소수의 발생 빈도가 점점 줄어들면 결국 없어질 수 있지 않을까? 하는 의문이 자연스럽게 생긴다. 과연 어떨까? 이 질문에 대한 대답은 '아니오'이다.

이에 대한 해답은 이미 기원전 300년경에 유클리드에 의해 답이 주어졌다. 유클리드는 소수가 무한히 존재한다는 것을 수학적 귀납법으로 증명했다. 그는 소수가 유한개 있다고 가정하고 모순을 이끌어 냈으며 그 어느 것에도 속하지 아니한 소수를 만들어 냄으로써 이른바 귀류법으로 모순을 쉽게 찾아낸 것이다. 그 소수는 지금까지 소수를 곱한 값에 1을 더하고 이것이 소수인 것을 증명하여 유한개 있다는 모순을 찾아낸 것이다.

최근에 수학자들은 적당한 두 수 사이에 존재하는 소수의 개수 또는 소수의 발생빈도를 구하는 방법에 관심을 두고 이 문제를 해결하기 위한 여러 가지 함수들을 찾고 있으며, 물리학자들은 우주의 별들을 소수와 대응하여 연구하고 있다.

소수에는 아직도 많은 미해결 문제들이 있다. 그중 알려진 몇 가지 미해결 문제들을 소개하고자 한다. 유클리드의 결론에 의하면 소수는 무수히 많다. 그리고 소수가 어떤 규칙에 따라 분포되었는지를 찾는 문제는 매우 어려운 일이다. 실제로 이 문제의 해결 방법에는 접근할 수 없지만 p, p+2 꼴로 된 소수를 살펴보자. 이런 소수를 우리는 쌍둥이 소수라 하는데, 이런 쌍둥이 소수가 몇 개나 있는지는 아직 알려지지 않았다. 18세기의 위대한 독일의 수학자인 골드바흐(C. Gold bach, 1690~1764)는 오일러(reonhard Euler, 1707~1783)에게 3보다 큰 임의의 자연수는 3개의 소수의 합으로 나타낼 수 있는가?에 관해 질문했다. 오일러는 '이는 증명할 수는 없지만 이 문제와 관계 있는 가설은 말 할 수 있다'라고 대답하며 다음과 같은 가설을 제시했다.

가설 : 2보다 큰 임의의 짝수는 두 개의 소수의 합으로 나타낼 수 있다.

사실 오일러가 골드바흐의 편지를 보고 세운 이 가설은 매우 본질적이어서 이 문제만 해결되면 골드바흐의 물음은 자연스럽게 해결된다. 그래서 골드바흐에 의해서 제기되고 오일러의 의해서 정리된 위 가설을 후세의 사람들은 골드바흐의 추측(conjecture) 또는 오일러의 추측이라고 말한다. 오일러의 문제제기 이후부터 20세기 초까지 4부터 90만까지 짝수를 검토해 이 가설이 틀리지 않았다는 것을 증명했다. 그렇다고 해서 모든 짝수가 이 추측에 성립한다고 말할 수는 없다. 또한 아무리 큰 짝수가 이 가설에 성립한다고 해도 이 가설이 증명되었다고는 말할 수 없다. 나중에 이 가설에 성립되지 않는 수를 발견한다면 결국 이 가설이 거짓임을 증명한 셈이 된다. 이 가설을 틀렸다고 할 순 없지만 200년 이상이 지난 지금까지도 정확히 증명되지 않은 미해결 문제로 남아 있다.

5.8 정수론의 대가 골드바흐

얼마 전 영국의 한 출판사에서는 백만 달러의 현상금을 내걸고 문제를 공모했다. 그 내용은 너무나도 단순한 문제로, 1742년 프러시아의 수학자 크리스티안 골드바흐(Christian Goldbach, 1690~1764)가 제안한 '2보다 큰 모든 짝수들은 홀수인 두 소수들의 합이다.'라는 문제를 2년 안에 증명하는 수학자에게 백만 달러를 준다고 하면서 소설책 《골드바흐의 추측》을 발간해 세기적인 주목을 끌었다.

현상금이 걸린 어려운 수학 문제로 '페르마의 마지막 정리'를 손꼽지 않을 수 없다. 이 정리는 약 350년 동안 많은 수학자들이 도전했지만, 쉽게 정복되지 않았던 문제다.

페르마의 마지막 정리를 증명한 앤드류 와일즈(Andrew Wiles)교수는 1997년 6월 27일 볼프스켈 상의 주역이 되어 5만 달러의 상금을 받았다. 볼프스켈 상이란 1908년 페르마의 마지막 정리 때문에 자살 시도까지 한 독일의 수학자 볼프스켈이 자신의 재산 대부분인 10만 마르크를 상금으로 내놓고, 향후 100년 이내인 2007년 9월 13일까지 페르마의 정리를 증명한 사람에게 수여한다는 내용의 상이었다. 상금을 처음 내걸 때의 10만 마르크는 현재 가치로 약 20억 원이 되지만 상이 제정된 1897년 이후, 두 번의 세계대전에 따른 환율개편으로 문제를 해결한 와일즈 교수에게 1997년 미화 대 독일마르크화의 환산율에 따라 5만 달러만 지급되었다 하니, 상금액수에 대해 조금 섭섭해 했을지도 모르겠다.

골드바흐는 정수론의 발전에 공헌한 학자이다. 1725년 상트페테르부르크에 있는 러시아 제국 아카데미에서 수학과 역사학 교수로 재직하던 중 황제의 가정교사로 뽑혀 모스크바로 갔으며, 1742년부터는 러시아 외무부에서 일했다. 1742년 스위스의 수학자인 오일러에게 뒷날 자신의 이름을 알리게 될 이론을 처음으로 편지를 통해 질문했다.

그가 동료 오일러에게 적어 보낸 골드바흐의 추측은 아직 증명되지 않았으므로 그야말로 추측이다. 이 추측은 1995년에야 겨우 비밀을 벗은 페르마의 마지막 정리와 더불어 수학 역사상 가장 증명하기 어려운 난제 중 하나로 꼽혀왔다. 골드바흐는 짝수는 소수 두 개의 합으로 표현될 수 있음을 알게 되었다. 예를 들어 4=2+2, 6=3+3, 8=3+5, 10=3+7, 12=5+7, 14=7+7, 16=13+3, … , 50=19+31… 등과 같은 합으로 만들 수 있었던 것이다. 그는 당시 스위스 최고의 수학자 오일러에게 편지를 보내 이것이 모든 짝수에서 성립하는 일반적인 성질인지 물어 보았다. 오일러는 골드바흐가 말한 명제를 두 개의 추측으로 나누어 정리했다 :

Ⅰ. 2보다 큰 모든 짝수는 두 소수의 합으로 나타낼 수 있다.
Ⅱ. 5보다 큰 모든 홀수는 세 소수의 합으로 나타낼 수 있다.

오늘날 우리가 흔히 말하는 골드바흐의 추측은 바로 첫 번째 명제이다. 그리고 두 번째 명제는 골드바흐의 추측이 옳다고 확신했으나 안타깝게도 증명하는 데는 실패했다. 두 번째 명제는 1937년 러시아의 위대한 정수론자 이반 비노그라도프(Ivan Matveyevich Vinogradov, 1891~1983)가 증명하는 데 성공했다. 한편 첫 번째 명제에 대한 증명 중 가장 최근에 괄목할 만한 성과를 남긴 사람은 중국의 수학자 첸 징런(chen jing ren)으로, 그는 2보다 큰 모든 짝수는 하나의 소수와 두 개의 인수를 갖는 합성수의 합으로 나타낼 수 있다고 증명했다.

1998년에 슈퍼컴퓨터로 400조까지는 이 추측이 옳다고 증명되었다. 아직까지 어느 누구도 골드바흐의 추측과 맞지 않은 짝수를 찾아내지 못했지만, 그렇다고 해서 골드바흐의 추측이 완벽하게 증명된 것은 아니다. 수학에는 아무리 예제가 많은 명제일지라도 증명할 수 없으면 참된 명제일 수 없기 때문이다. 골드바흐의 추측은 겉보기와는 달리 소수의 문제가 수의 구조와 깊은 관련이 있음을 시사해 준다. 때문에 앞으로도 우수한 수학자들은 그들의 관심을 끊임없이 골드바흐의 추측에 집중시킬 것이다.

5.9 불완전성의 정리를 만든 괴델

쿠르트 괴델(Kurt Gödel, 1906~1978)이라는 독일의 수학자가 지은 유명한 '불완전성의 정리'로 수학의 한계를 제시했다. 불완전성의 정리가 지니는 의미는 수학에만 국한되지 않고 널리 인간의 지성에 관한 중요한 문제를 제기한 점에 있다고 할 수 있다. 논리란 몇 개의 기본적인 증명이 필요 없는 이른바 공리라는 것을 내세워 출발한다. 따라서 각각의 공리는 한 논리체계의 기초를 이루고 이들로부터 이끌어낸 정리는 논리체계의 상부구조를 이룬다. 따라서 각 공리에는 서로 모순이 있어서는 절대로 안 된다.

예로부터 수학자들은 어떤 수학 분야이건 그 체계 안에 적절한 몇 개의 공리만 주어지면 참된 명제를 이끌어낼 수 있다는 믿음을 지녀왔다. 20세기 초 최고의 수학자 다비드 힐베르트(David Hilbert, 1862~1943)는 모든 수학은 모순이 없고 독립적인 공리 위에 세워진 논리체계이며 이러한 공리의 무모순성과 독립성은 실제로 증명이 가능한 것으로 예상했다. 실제로 힐베르트 교수는 점, 직선 이외에 기하학적인 정의를 대신할 수 있는 컵, 책상 등을 사용해도 이들 사이에 훌륭한 기하학, 즉 모순 없는 수학체계가 성립될 수 있다고 주장했다. 그러나 괴델은 공리적인 방법이 아무리 완벽하다 해도 반드시 한계성을 가지고 있다는 놀라운 결론을 내놓았다. 아무리 많은 공리를 내세운다고 해도 이 공리계에는 참이라고도 거짓이라고도 판가름할 수 없는 체제가 존재한다는 사실을 밝혀냈다. 다시 말해 어떤 수학적인 논리체계에도 그 내부의 모순성 또는 무모순성이 다른 수학적 체계를 이용해야만 증명이 가능하다는 상대성을 증명한 것이다.

괴델이 증명한 불완전성 정리에는 다음과 같은 자기 언급이라는 특징을 갖는 명제가 이용된다. 예를 들면, '어떤 명제는 증명이 불가능하다.' 라는 명제가 있고 만일 그 명제가 증명되었다면 이것은 그야말로 모순이다. 왜냐하면 증명 불가능하다는 사실이 증명되었다면 그것은 증명 불가능이라는 사실을 확인한 것에 불과하기 때문이다. 증명이 되었다면 증명 불가능이라는 카오스적인 모순에 빠지게 된다. 재미있는 것은 이 명제가 다음과 같은 프랙털적인 구조를 갖는다는 것이다.

명제(명제(명제는 증명 불가능하다.)는 증명 불가능하다.)는 증명 불가능하다....

괴델은 수학의 공리화는 불가능하며, 또 수학적 사고가 절대적 차원에서 모순의 유무를 확인할 수 없다고 수학적 방법을 사용해 밝혔다. 그것은 수학에 준 충격보다는 오히려 인간의 사고 가능성 전반에 큰 충격을 준 것이다. 괴델이 말한 그의 명제에 등장한 자기 언급의 논리적인 구조는 앞에서 언급한 피드백이나 자기 조직, 자기 닮음 등에서 볼 수 있는 것과 같다. 자기 언급은 논리적으로는 패러독스를 가져오기 때문에 있을 수 없다. 그러나 현실세계에서는 이러한 모순된 일들이 실제로 존재하고 있는 것이다. 현실세계와 자명한 논리의 세계는 왜 부합되지 않는 것일까? 여담이지만 이런 경우에 동양인의 지혜는 수다스럽게 여기저기를 들쑤시는 것을 무척 꺼리는 경향이 있다. 서구의 요설문화와 대극 위치에 있는 동양의 침묵문화의 전통은 진리를 대할 때일수록 되도록 말을 삼가야 한다는 마음가짐을 오랜 전통으로 여겨왔다. 이 경우에도 다음과 같은 말로 요약할 수 있다.

'어디에나 참이 있다는 것은 어디에나 참이 없다는 것과 같다.'

5.10 페르마의 마지막 정리

$1+2=3$, $2+2=4$, $3+4=7$...이 되는 것은 누구나 안다. 즉, $x+y=z$가 되는 정수 값은 정할 수 없이 많은 값을 줄 수 있다. 그래서 이 방정식을 만족

하게 하는 값은 정할 수 없이 많으므로 말 그대로 부정이라고 한다. 마찬가지로 $x^2+y^2=z^2$ 을 만족하는 값 역시 (3,4,5), (5,12,13), (6,8,10), (9,12,15),....등과 같이 해의 순서쌍은 무수히 많기 때문에 이것 역시 부정이 된다. 그렇다면, $x^3+y^3=z^3$... $x^n+y^n=z^n$ 을 만족하는 자연수 해의 순서쌍은 존재할까? 하는 물음을 자연스럽게 생각할 수 있다.

취미로 수학을 공부한 페르마는 살아 있는 동안 단 한번도 자신의 연구 결과를 발표한 적이 없었다. 그가 죽은 지 5년 후인 1670년에 그의 아들이 연구 결과를 발표하였고 그의 연구 결과에는 다음과 같은 내용이 서술되어 있다.

'2보다 큰 자연수 n에 대해 방정식 $x^n+y^n=z^n$ 을 만족시키는 자연수 x,y,z는 존재하지 않는다.'

위의 정리를 '페르마의 추측' 또는 '페르마의 마지막 정리'라고 한다. 그는 이 문제를 자신이 가지고 읽던 디오판토스가 지은 《산학》이라는 책의 번역판 여백에 적어놓고 '나는 이미 이 문제에 대해 감탄할 만한 증명 방법을 발견했지만 여백이 너무 좁아서 여기에 쓸 수 없다'고 적어 놓았다. 페르마가 실제로 이 문제에 대해 확실하게 증명했는지는 영원한 수수께끼로 남아 있다. 페르마의 연구 결과가 출판된 이후 많은 수학자들이 이 간단한 문제를 풀기 위해 많은 시도를 했지만 번번이 실패하고 말았다. 하지만 상당한 진전을 가져왔다. 이를테면, $x^3+y^3=z^3$을 만족하는 자연수의 해는 존재하지 않는다는 것이 오일러에 의해서 증명되었고, $x^4+y^4=z^4$의 자연수의 해는 존재하지 않는다는 것을 페르마 자신이 증명했다. 1825년 르장드르와 다리클레가 공동으로 $x^5+y^5=z^5$의 자연수의 해가 없다는 사실을 증명했다. 그 후, 1839년 $x^7+y^7=z^7$의 자연수의 해가 없다는 사실을 라메가 증명했으며, 1843년 독일의 수학자 쿠머는 n이 3보다 크면, 자연수인 경우에도 해가 없다는 사실을 증명했으나 유감스럽게도 그 증명에서 결정적인 실수가 밝혀져 이 문제는 가장 많은 잘못된 증명이 있는 문제로 명성을 얻게 되었다. 그도 그럴 것이 이 문제에 관심을 가졌던 독일의 수학자

볼프스겔이 1908년 이 문제를 100년 이내에 최초로 완벽하게 증명한 사람에게 자신의 재산 전부인 상금 10만 마르크를 주겠다고 유언을 남긴 것이다. 그 후, 문제를 풀었다는 사람이 무려 5,000명이 넘었지만 번번이 오류가 지적되었고, 어떤 수학자는 컴퓨터를 이용하여 n이 십만 미만의 자연수인 경우에 페르마의 정리가 참인 것을 밝히기도 했다. 이런 오랜 과정을 거쳐 오던 중, 1993년경에 앤드류 와일즈라는 39세 된 프린스턴 대학교의 수학교수가 이 정리를 증명했다고 선언했다. 와일즈 교수는 10살 때 처음 페르마의 마지막 정리를 이해했고 그가 수학자의 길을 지망하게 된 것도 페르마의 마지막 정리를 증명해 보려는 생각에서였다고 한다. 1993년 6월 23일 케임브리지 대학교 뉴톤 연구소에서 열린 강연회에서 와일즈 교수는 자신이 페르마의 정리를 증명했다고 발표했다. 그리고 그는 자신의 논문을 몇몇 신뢰할만한 전문가들에게 의뢰했다. 그러나 그해 12월 그의 논문에서 결함이 발견됐고 와일즈는 그 결함을 인정하는 성명을 발표했다. 그 후, 1994년 1월부터 와일즈 교수는 테일러라는 동료 교수와 함께 연구한 결과 1994년 9월 19일 새로운 방법으로 페르마의 정리를 증명했다. 그리고 1995년 2월 13일 수학분야에서 가장 권위 있는 논문인 〈*Annals of Mathematics*〉편집위원회에서 와일즈의 증명이 틀림없다는 판정을 내리고 그해 6월 이 두 편의 논문만이 실린 〈*Annals of Mathematics*〉가 발행되었다. 이렇게 해서 무려 360년간, 페르마의 대 정리 또는 페르마의 마지막 정리가 마침내 최종 결론을 내렸다.

이 문제를 기하학적으로 설명하면, n이 2보다 큰 자연수일 때, 곡선 $x^n+y^n=z^n$는 좌표축을 제외하고는 유리수좌표를 갖는 어떠한 점도 지나지 않는다는 것이다. 하지만 이렇게 유명한 문제를 해결하고도 40세 미만에만 수상한다는 조건 때문에 필즈 메달을 받지 못했으며, 이 문제가 해결되자마자 $x^m+y^n=z^k$ 이라는 방정식을 만족하는 2보다 큰 자연수 x, y, z 와 m, n, k 가 존재하는가?를 묻는 아직까지 해결되지 않은 문제가 나왔다.

페르마의 추측을 해결한 앤드류 존 와일즈(Andrew John Wiles, 1953년~)교수는 영국의 수학자다. 1974년에 옥스퍼드 대학교의 머튼 칼리지에서 학사 학위를 받고 1979년에 케임브리지 대학교의 클레어 칼리지에서 박사 학위를 받은 프린스턴 대학교의 수학교수였다. 그가 1994년에 리처드 테일러의 도움으로 페르마의 마지막 정리를 증명했다. 앤드류 와일즈 교수는 비록 필즈 메달은 수상하지 못했으나, 대신 국제 수학자 연맹에서 1998년 기념 은판을 제작해서 수여했다. 엄밀히 말하여 필즈 메달 수상자는 아니었지만, 기념 은판을 제작해 수여했다는 사실을 필즈 메달 수상자의 공식 명단에 같이 게재해 주었다.

피에르 페르마 (Pierre de Fermat, 1601~1665)

17세기 프랑스 최고의 수학자다. 근대의 정수이론 및 확률론의 창시자로, 좌표기하학을 확립하는 데 크게 기여했다.

5.11 신비적인 육선형과 파스칼

프랑스의 수학자이자 신학자인 블레스 파스칼은 16세에 이미 원추곡선 안에 있는 대변 3쌍의 교점이 일직선상에 있다는 신비적인 육선형(The Mystic Hexagram)을 증명했다.

파스칼은 1623년 프랑스의 오베르뉴 지방의 클레르몽페랑에서 태어났다. 3세 때 어머니와 사별하고 소년시절에 아버지를 따라 파리로 왔다. 학교 교육은 받지 못했으나 독학으로 유클리드기하학을 공부하기 시작했다.

16세에 원뿔곡선 시론을 발표하여 당시의 수학자들로부터 주목을 받았다. 사영기하학에서 나오는 '파스칼의 정리'는 이 시론에 포함되어 있다.

1640년 아버지와 함께 루앙으로 옮겨, 아버지가 하는 세무일의 능률을 높이기 위해 계산기를 고안했으며 2년 만인 1642년에 성공했다. 루앙에 있을 때 얀선주의의 신앙혁신운동에 접하여 최초의 회심을 경험했으며, 같은 시기에 토리첼리의 실험을 행한 이래 진공에 관한 문제, 유체정역학에 관한 문제에 흥미를 가졌고 마침내 진공에 관한 신실험을 발표했다. 1647년 질병을 치료하기 위해 파리로 돌아왔다. 그 무렵 귀국 중에 있던 데카르트의 방문으로 서로 만나게 되었다.

이듬해 처남 페리에에게 부탁한 퓌드돔 산정의 실험에 의해 대기의 압력을 확인했다. 1651년 아버지가 죽은 후 여동생 자클린이 포르루아얄 수도원으로 들어간 것과는 달리, 파스칼은 로아네스공, 슈발리에 드 메레 등과 친교를 맺고 사교계에 뛰어들어 인생의 기쁨을 추구했다. 노름에서 딴 돈을 공정하게 분배해주는 문제에서 확률론을 창안하여 수삼각형론 및 그 부대논문을 썼다. 파스칼은 이 논문으로 수학적 귀납법의 훌륭한 전형을 구성했으며, 수의 순열·조합·확률과 이항식에 대한 수삼각형의 응용을 설명했다. 또 물리실험의 결과를 유체의 평형 대기의 무게라는 두 논문으로 정리했다. 초등 물리학에 나오는 '파스칼의 원리'는 유체의 평형 속에 포함되어 있다.

1654년 여름부터 사교계에 대한 혐오감이 점점 싹텄으며 11월 23일 깊은 밤, 기도 중에 결정적인 회심의 환희를 체험하고 포르루아얄 수도원의 객원이 되었다. 그는 수녀인 여동생 자클린에게서 입은 감화가 컸다고 한다. 죄인의 회심에 대해, 초기의 그리스도 신자와 오늘의 그리스도 신자의 비교 요약 예수 그리스도전 등의 소품은 바로 그 무렵의 저작이다.

당시 프랑스의 가톨릭교회 내에서는 정치적 주도권을 쥐고 있던 예수회와 포르루아얄에 모인 얀선파 사이에 신학상의 격렬한 논쟁이 벌어지기 시작했는데, 파스칼은 자신도 모르는 사이 그 논쟁에 말려들었다. 그는 시골 친구에게 부치는 편지(프로뱅시알)라는 제목의 서한체로 된 글을 익명으로 속속 간행하여 예수회 신학의 기만을 폭로하는 한편, 그 오만불손한 윤리를 공격했다. 1656년 1월부터 이듬해 3월까지 18편의 서한문을 발표했다. 파스칼은 이 서한문에서 구사한 경쾌하고 솔직한 표현에 의해 프랑스 어에 새로운 문체를 도입한 결과가 되었다.

1658년 우연한 동기에서 사이클로이드 문제를 해결하고 적분법을 창안해 냈다. 사이클로이드의 역사, 삼선형론, 사분원의 사인론, 원호론, 사이클로이드 일반론 등 일련의 수학논문 속에 그 이론이 나타나 있다. 그 외에도 기하학적 정신, 설득술, 질병의 선용을 신에게 비는 기도 등의 소품을 쓴 것도 그 무렵 일이다. 그리스도교의 변증론을 집필하기 위해 단편적인 초고를 쓰기 시작했으나 병고로 인해 완성하지 못한 채, 39세로 생애를 아깝게 마쳤다. 사망 후 그의 근친과 포르루아얄의 친우들이 그 초고를 정리·간행하였는데, 이것이 그 유명한 《팡세》의 초판본(1670)이다.

5.12 여성수학자 히파티아

밀로의 딸이자 피타고라스의 아내인 테아노가 이름이 알려진 최초의 여성수학자라면 또 한 사람의 유명한 실질적인 여성수학자는 히파티아라고 할 수 있다. 피타고라스는 이오니아의 사모스 섬에서 태어나 탈레스의 권고를 따라 수학의 시야를 넓히기 위해 여러 해 동안 이집트와 메소포타미아에서 유학했다. 고향에 돌아와 종교색이 짙은 학교를 열었으나, 때마침

사모스에는 포리크라테스가 학정을 실시하여 자유가 없었으므로 그리스의 식민지인 남부 이탈리아의 시실리(시칠리아 섬)에서 타렌트로 이어, 크로톤으로 옮겨가며 학교를 창설하여 명성을 떨쳤다. 운좋게도 그는 그곳에서 당대 최고 부자이자 역사상 가장 힘이 좋았다는 밀로의 후원을 받게 되었다. 아마 피타고라스의 명성을 익히 들어온 밀로가 당연한 일을 한 것인지도 모른다. 그렇다고 밀로가 명성이 없었던 것은 아니라 오히려 당대의 현인이라고 불리던 피타고라스보다도 더 많은 지지를 받는 유명한 인사였던 것이다. 밀로는 엄청난 힘을 가진 사람으로 올림픽에 나가 열두 번이나 우승한 불세출의 운동선수였다. 밀로는 운동뿐만 아니라 철학과 수학에도 많은 관심이 있어 피타고라스에게 이런 일을 했던 것 같다. 그는 자신이 살고 있는 근처에 자신의 소유로 되어 있는 건물 한 곳을 내주었다. 이곳이 바로 그 유명한 '피타고라스 학회'가 된 것이다. 이 학교에는 학문에 뜻을 두고 진리를 갈구하는 많은 젊은 학도들이 구름같이 모여들어 그 수는 300을 넘었으며, 그 당시 공개 석상에 나오지 못하게 되어 있던 여자들까지도 앞을 다투어 그의 강의를 들었다고 한다. 그도 그럴 것이 당대의 최고 운동선수와 사모스의 현인이라는 칭호의 대상이었던 피타고라스 밑에서 수업을 한다는 것이 그리 쉬운 일이 아니었기 때문이다. 그 당시 여자들은 제사에도 참여할 수 없고 자신의 발언권도 가지지 못하는 형편이었다. 몇몇 여자 제자 가운데 피타고라스의 후견인인 밀로의 딸도 있었는데, 그녀가 테아노이다. 둘은 많은 나이차에도 불구하고 결혼했다고 한다.

우리 주변에는 여성들은 보통 수학을 잘하지 못하며 싫어한다는 편견을 가지고 있는 사람들이 있다. 이런 편견에 대해 페미니스트들은 여성은 본래 수학을 싫어하는 것이 아니라 수학에서 멀어지도록 사회적으로 길들여졌다고 주상하고 있다. 수학을 잘하는 여성에 대한 원초적 금기 반응은 인류 최초의 여성 수학자 히파티아의 비극적 최후에서 분명히 나타나고 있다.

히파티아는 이집트의 도시국가인 알렉산드리아에서 수학자 테온의 딸로 태어났다. 그녀는 아버지를 도와 고대 천문학을 집대성한 알마게스트에 관한 논문을 작성했다. 또 유클리드의 기하학 원론을 개정하고 디오판토스의 산학·아폴로니오스의 원추곡선론에 관한 책도 집필했다고 알려져 있다. 400년경 알렉산드리아 신플라톤주의의 대표적 학자였던 그녀는 높은 학식과 덕망으로 많은 존경을 받았으며, 그녀의 주위에는 유명한 사람들이 몰려들었다. 하지만 당시 알렉산드리아 기독교도들은 히파티아의 신플라톤주의 철학과 자유분방한 그녀의 행실을 이교도적이며 기독교에 대해 위협적인 것으로 생각했다. 기독교도들은 여성이 수학을 잘하는 것을 마녀라고 간주했으며 남성 추종자들이 유난히 많았던 것도 마음에 들어 하지 않았다. 과학역사가들은 당시 알렉산드리아 주교 키릴로스 및 정치적으로 대립하고 있던 오레스테스와 가깝게 지냈던 것이 그녀의 운명을 재촉했다고 보고 있다.

프랑스 수학자이자 소설가인 드니 게디가 몇 해 전 발간한 수학 역사소설 《앵무새의 정리》에는 415년의 어느 날, 알렉산드리아의 그리스도교 광신도들이 길을 지나던 그녀의 마차로 달려들어 그녀를 바닥에 쓰러뜨리고 발가벗긴 채 성소로 끌고 갔다. 그리고는 칼날처럼 예리하게 깎은 굴 껍데기로 그녀를 고문한 뒤 산 채로 불태워버렸다고 전하고 있다. 이 사건을 전후해서 히파티아의 모든 저작은 소실됐으며, 알렉산드리아 도서관에 있는 수많은 책들이 불태워졌다고 한다. 이 때문에 히파티아는 역사에서 잊혀졌으며 생애의 많은 부분이 미스터리로 남아 있다. 그러나 불운했지만 극적인 그녀의 인생은 입에서 입으로 전해져 수많은 소설과 드라마의 소재가 되었다.

히파티아가 죽은 뒤 알렉산드리아는 학문의 중심지로서의 위치를 점차 상실해갔으며, 이는 곧 고대 과학의 전반적 쇠퇴로 이어졌다. 여성은 수학을 가까이하지 않는 것이 좋다는 지극히 비상식적인 편견을 우리가 갖게 된 바탕에는 인류 최초의 여성 수학자의 비극적 최후 이야기가 깔려 있는 것이다.

히파티아 (Hypatiā, 370~415)

알렉산드리아 출생으로 알렉산드리아의 수학자이자 천문학자이던 테온의 딸이다.

이집트 신(新)플라톤파의 대표적인 철학자로 플라톤, 아리스토텔레스 등에 대한 강의를 했다가 이교(異敎)의 선포자라 하여 그리스도교도에게 참살당했다.

5.13 여성수학자 에미 뇌터

상대성 이론의 창시자인 물리학자 알버트 아인슈타인이 한 여성 수학자의 죽음을 애도하며 쓴 글이 1935년 5월 5일에 발간된 〈뉴욕 타임스〉에 실려 많은 사람의 관심을 끈 적이 있었다. 아인슈타인이 언급한 여성은 다름 아닌 현대 추상 대수학의 창시자 에미 뇌터(Amalie Emmy Noether, 1882~1935)이다. 그녀는 20세기 초반, 남성들의 독무대인 독일 수학계에서 많은 시련과 난관을 극복하며 20세기의 위대한 수학자로 지위를 확보했다. 그녀는 괴팅겐 대학에서 강의하고 연구하며 지내던 중, 나치의 탄압을 견디지 못하고 1933년 괴팅겐 대학에서 쫓겨나 미국에 정착했다. 하지만 2년도 채 안 돼서 1935년 4월 14일에 53세의 나이로 한 많은 생을 마감했다.

에미 뇌터는 독일 남부 지방의 조그만 도시 에르랑겐에서 1882년 3월 23일 유태인이었던 막스 뇌터와 아이다 아말리아 카우프만의 맏딸로 태어났다. 뇌터는 어린 시절 특별한 수학적 재능을 보이지는 않았다. 10대 때의 그녀는 음악과 춤에 많은 관심을 보였다. 집안 청소와 요리를 배우며 다른 소녀들처럼 춤추는 것을 배우던 뇌터는 여성을 과학으로부터 소외시키던 장벽에 조그만 틈새가 열리기 시작할 무렵, 막 수학의 현장에 입문했다. 아버지 또한 유명한 수학자로 그녀의 든든한 후원자였으며, 이러한 아버지의 후원은 그녀에게 많은 도움이 되었다. 당시 발간된 책자에는 에미 뇌터를 막스의 딸로 기록했지만 나중에 발간된 책에는 막스가 에미 뇌터의 아버지로 기록되었다.

에미 뇌터는 대수기하학자 막스 뇌터의 딸이며, 동생도 이론물리학 교수였다. 그녀는 에를랑겐 대학교에서 학위를 받고, 후에 괴팅겐 대학에서 연구를 계속했다. 1922년 괴팅겐 대학 교수가 되면서, 19세기 수학에서 현대수학으로의 과도기적인 추상대수학을 추진했으며 D.힐베르트, 바일 등과 함께 괴팅겐 대학의 황금시대를 이루었다. 1918년 발표한 가환환의 이데알론으로 이른바 뇌터 환을 정식화한 것을 비롯하여 데데킨트환의 분석, 판별식 정리를 연구했으며, 비가환대수의 연구로 다원수론을 전개하여 접합적 갈루아이론, 국소유체론과 추상대수학의 중심 과제를 거의 포괄하는 업적을 남겼다.

에를랑겐-뉘른베르크대학은 여성이 등록하는 것을 허용하지 않았지만, 그녀는 수업을 들을 수 있었다. 1904년, 마침내 에를랑겐-뉘른베르크 대학이 여성의 등록을 허용하자 뇌터는 즉시 수학과 학생으로 등록되었다. 그녀는 1907년 파울 고르단의 아래에서 박사학위를 받았고, 그녀의 출판물들로 인해 명성을 쌓기 시작했다. 1915년 독일의 괴팅겐으로 이사했지만, 괴팅겐 대학은 그녀가 강의하는 것을 허용하지 않았다. 그녀의 동료였던 다비드 힐베르트는 뇌터의 이름 대신 자신의 이름으로 된 강의를 뇌터가 맡을 수 있도록 배려해주었고, 그녀의 강의를 선전해 주기까지 했다. 이 때문에 대학 내에서는 논쟁이 생겼는데, 그녀가 강의를 맡는 것을 탐탁지 않게 생각하고 있던 사람들은 전쟁에서 병사들이 돌아왔을 때, 자신들이 여성의 발 아래에서 강의를 듣게 된 사실을 알면 어떻게 생각하겠냐고 물으며 그녀를 공격했다. 그녀가 교수가 된다는 것은 대학 평의원회에 그녀의 투표권이 생긴다는 것을 의미했다. 이에 대해 힐베르트 교수는 "교수 후보자의 성별이 그녀의 교수 자격을 허가하는 데 상관이 있다고 생각하지 않는다. 어쨌든 간에, 대학 평의원회는 대중목욕탕이 아니다."라고 항변했다.

1919년 그녀는 교수직에 임명되었지만 이후 나치 인종 차별법에 따라 학부 강의를 맡는 것이 금지되었고, 1933년 독일에서 탈출했다. 그녀는 미국에서 브린 마르 대학의 교수가 되었다. 하지만 1935년 4월 14일, 의문스러운 상황 속에서 죽음을 맞이했다. 건강이 악화된 그녀에게 의사는 수술을 권했고, 그녀는 아무에게도 이야기하지 않은 채 브린 마르의 대학 휴일에 수술 일정을 잡았다. 하지만 결국 수술 직후에 사망했다. 뇌터는 평생 결혼을 하지 않았으며, 미국에는 친척도 없었다. 그녀는 브린 마르 대학의 캠퍼스에 위치한 토마스 그레이트 홀의 안뜰에 묻혔다. 그녀의 남동생인 독일 수학자 프리츠 뇌터는 1934년에 나치 치하의 독일에서 소비에트 연방으로 탈출했다. 그 역시 1941년 10월 10일, 소비에트 연방의 도시인 오룔에서 반소비에트 선전 활동을 했다는 죄로 총살당했다.

5.14 수학자 페렐만

<뉴욕타임스>는 2006년 3월 20일에 러시아의 천재 수학자인 그리고리 페렐만(Grigory Perelman, 1966~)이 미국 클레이 수학 연구소가 주는 상금 100만 달러의 수상자로 선정됐다고 전했다. 수학계의 7대 난제 중 하나인 푸앵카레 추측을 풀어낸 러시아의 수학자인 그리고리 페렐만이 이번엔 100만 달러의 상금을 받으러 나타날까? 모두가 궁금해하는 일이었다. 이 상금은 지난 2000년 클레이 수학 연구소가 수학계의 7대 난제를 풀어낸 사람에게 주기로 한 700만 달러 중 일부였다. 페렐만이 이 상금의 수상자로 결정되면서, 7년 가까이 세상의 주목을 피해 사는 그가 이 상금을 받으러 공식 석상에 나타날지가 관심에 쏠렸다. 제임스 칼슨 클레이 수학 연구소장은 페렐만이 적절한 시기에 참석 여부를 알려올 것이라고 말했다. 그러나 수상자로 선정된 지 일주일도 안 돼서 페렐만은 상금을 포기하겠다고 발표했다.

푸앵카레 추측이란 1904년 프랑스의 수학자 앙리 푸앵카레(Jules-Henri Poincaré, 1854 ~ 1912)가 제기한 위상 기하학 문제로, 기본적으로 3차원에서 두 물체가 특정 성질을 공유하면 두 물체는 같은 것이라는 추측이다. 이 추측을 풀기 위해 100여 년 동안 수많은 수학자가 매달렸으나 풀지 못했다. 그런데 2003년 당시로서는 무명의 수학자였던 그리고리 페렐만이 <Riccci flow with surgery on three manifolds>라는 3페이지짜리 간단한 논문으로 푸앵카레 추측을 푸는 데 성공했다고 발표하자 서방 수학자들은 큰 충격을 받았다. 그리고 많은 수학자가 연구팀을 조직해 꼬박 3년에 걸쳐 페렐만의 풀이법을 검증한 결과, 페렐만이 옳았다는 것이 밝혀졌다. 당시 연구팀은 페렐만이 3쪽으로 정리한 풀이법을 검증하기 위해 수백 쪽이 넘는 보고서를 내기도 했다. 그런데 정작 당사자인 페렐만은 풀이법을 인터넷에 올려둔 채 외부와의 접촉을 끊었다. 국제수학자연맹(IMU)은 부랴부랴 2006년 페렐만을 수학 분야의 노벨상 격인 필즈상 수상자로 선정했지만, 페렐만은 수상을 거부했다. 페렐만

은 당시 영국의 일간지 〈데일리 텔레그래프〉와의 인터뷰에서 '나는 언론의 주목을 받을 만한 사람이 아니다. 수학이 좋아서 연구했을 뿐 돈을 버는 데는 관심이 없다.'고 말했다. 페렐만은 구소련 출신 수학자로 원래 다양한 군사 목적에 필요한 수학을 연구해 왔다. 그 후 소련이 붕괴하고 나서 그는 실력을 인정받아 미국으로 건너가 연구 활동을 시작했다. 그러나 실적을 강조하는 미국학계의 분위기에 실망을 느끼고 다시 러시아로 돌아가 공식 활동을 하지 않은 채 은둔생활을 계속하고 있다. 그는 현재 실직 상태인데다 생활고를 겪는 것으로 알려졌다.

푸앵카레의 가설은 다음과 같다. Poincaré Conjecture : Every simply connected closed three-manifold is homeomorphic to the three-sphere. 좀더 쉽게 설명하면, '임의의 고리를 만들어서 그 고리의 크기를 점점 작게 만들었을 경우에 한 점으로 줄어들 수 있는 크기가 유한한 도형은 구(sphere)다.'라는 것이다. 다시 말해, 실로 작은 고리를 만들어 공위에 놓아보자. 그리고 실로 만든 고리를 점점 줄어들게 한다. 실로 만든 고리를 공위의 어디에 놓더라도 결국 점으로 수렴해 버린다는 것을 알 수 있을 것이다. 만약 공이 아니라 도넛이라면 도넛의 고리에 묶여진 실은 점으로 수렴할 수 없다는 것을 알 수 있다. 푸앵카레의 가설은 오직 구(sphere)만이 실을 한 점으로 수렴하게 만들어 주는 유일한 위상학적 도형이라는 것이다. 사실 이 가설은 임의의 차원으로 확장시킬 수 있다. 5차원 이상인 경우에 위 가설이 옳다는 것을 증명한 공로로 스테판 스마일이 1960년 수학의 노벨상으로 불리는 필즈 메달을 받았고, 1983년에는 이 가설이 4차원일 경우에도 성립한다는 것을 보인 공로로 마이클 프레드만이 필즈 메달을 받았다. 1차원과 2차원의 경우에는 아마 이 글을 보고 있는 여러분들도 쉽게 증명할 수 있을 것이다. 푸앵카레의 원래 가설인 3차원이 가장 어려운 문제였으나 이제 페렐만에 의해 풀린 셈이 되었다.

문제는 이 가설에 100만 달러의 클레이 재단 상금이 걸려있고, 2006년 마드리드에서 열린 국제수학회(ICM)에서 필즈 메달을 받게 된 페렐만이 경이적인 업적을 만들어 내고도 필즈상을 포기하고 은둔해버린 것이다. 페렐만은 그가 16세, 당시 피터스버그 고등학교 재학시절 국제수학올림피아드에 참가해 만점을 받아 금메달을 받는 것으로 처음 수학계에 알려지기 시작했다고 한다. 그는 명예나 물질적인 풍요에 대해 대단히 무관심하여 심지어는 수년 전 유럽 수학회에서 수여하는 젊은 수학자 상을 거부했을 정도라고 한다.

그리고리 야코블레비치 페렐만(Grigori Yakovlevich Perelman, 1966 ~)

리치 흐름(Ricci flow)의 전문가인 러시아 수학자다. 수학계의 중요한 난제 중 하나인 푸앵카레 추측을 증명한 것으로 여겨지고 있다. 이 업적으로 2006년 에스파냐 마드리드에서 열린 국제 수학자 회의에서 페렐만을 필즈 메달 수상자 네 명 중 하나로 선정했다. 그러나 그는 이 수상을 거부하고, 상트페테르부르크의 한 허름한 아파트에서 거주하고 있다.

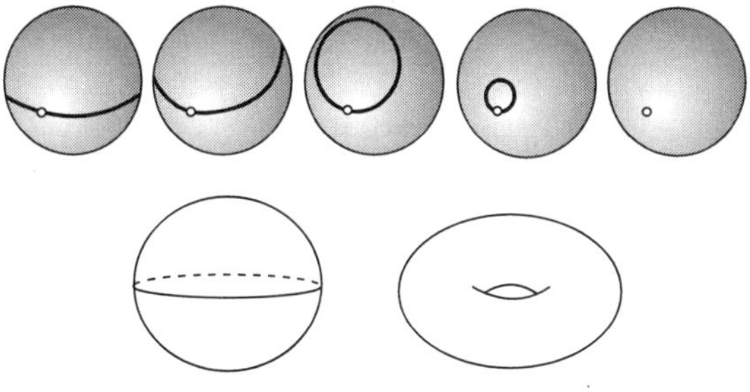

푸앵카레 가설 도형

푸앵카레 가설

'하나의 밀폐된 3차원 공간에서 곡선이 하나의 점으로 수렴될 수 있다면 이 공간은 반드시 원구(圓球)다.'

06
수학의 응용과 수학의 흐름

6.1 시간의 기원

시간에 대한 기원을 알아보자. 1분, 1초가 우리에게는 너무 소중한 하나님의 선물이다. 시간은 금이라는 말이 있지만 시간은 금이 아니라 그것과 비교할 수 없는 생명이다. 항상 마음에 새기는 구절 중 하나는 '당신이 헛되이 보낸 오늘은 어제 죽어간 이가 그토록 살고 싶어 했던 내일'이라는 말이다. 우리는 이렇게 소중한 시간을 갖고 있는 것이다. 우리는 1분, 1초가 얼마나 중요한 것인가를 새삼 깨닫게 된다.

2010년 발생한 칠레 지진으로 인해 하루가 1.26 마이크로초 짧아졌다고 미국 항공우주국(NASA)의 한 과학자가 주장했다. 1마이크로초는 100만 분의 1초다. 그런데 이렇게 미세한 시간의 변화를 장기적으로 볼 때, 지구의 기후 변화까지도 초래한다고 한다. 그러면 1초는 어떻게 정의하는가? 국제도량형국은 1967년 세슘(Cs) 원자가 91억 9,263만 1,770번 진동할 때 걸리는 시간을 1초로 정의했다.

우리나라 한국표준과학연구원에서는 9대의 원자시계로 표준시를 만들고 있다. 이 가운데 5대가 세슘 원자시계다. 국제도량형국은 우리나라를 비롯해 전 세계 300여대의 원자시계로부터 모은 시간 정보를 바탕으로 세계협정시(UTC · Universal Time Coordinated)를 만든다. 대한민국 표준시는 세계협정시와 정확히 9시간의 차이를 두고 50나노초(1나노초는 10억분의 1초) 이내로 일치한다. 시계는 얼마나 정확할 수 있을까. 미국 표준기술연구소(NIST · National Institute of Standards and Technology)가 매년 초정밀 시계 신기록을 갈아치우고 있으며, 최근에는 알루미늄 원자를 이용해 37억년에 1초의 오차밖에 없는 원자시계를 개발했다고 발표했다.

세슘은 동위원소(같은 원소이면서도 원자질량이 다른 원소)가 없고 원자구조가 간단한 매우 안정된 물질이어서 진동수가 일정하다. 세슘의 진동수를 기준으로 한 현재의 상용 세슘 원자시계는 30만 년 동안에 단 1초 정도밖에 틀리지 않았다고 한다. 그럼에도 불구하고 과학자들은 이 오차를 줄이기 위해 안간힘을 쓴다. 실제로 우리나라 표준과학연구원에서도 10년 동안 연구한 끝에 최근 100% 순수한 우리 기술로 대한민국 표준시계 KRISS-1 개발에 성공했다. KRISS-1은 세슘을 이용한 원자시계로 결점을 보강해 성능이 10배 이상 향상되었다. 이런 시계는 인터넷 금융, 전자 상거래, 전자경매, 인터넷 서버의 보안기능 강화, 인공위성을 이용한 정확한 위치정보, 내비게이션의 정확성을 필요로 하는 분야에도 활용될 것이며, 정확한 심판을 요하는 운동경기 등에도 이용될 것이다.

1초를 이처럼 정확하게 정의하는 것은 순간이 엄청난 차이를 빚기 때문이다. 1초 차이로 하루가 지나 보험금을 못 받았다는 사람의 이야기를 들은 적이 있다. 육상경기나 스피드스케이팅에선 0.01초 단위에서 승부가 갈린다. 꿀벌은 1초 동안 날갯짓을 200번도 넘게 한다고 한다.

내비게이션을 이용해 대부분의 사람이 길을 찾고 있다. 내비게이션으로

'자신이 위치한 곳을 알 수 있는 이유가 시간차 때문이다. 여러 대의 인공위성이 동시에 보낸 신호가 도달하는 시간차를 계산해 내가 있는 위치를 파악한다. 전파는 빛의 속도로 일정하게 진행하므로 전파가 출발 지점에서 도착 지점까지 가는 데 걸리는 시간을 재면 그 사이의 거리를 알 수 있다. 만약 위성시계가 1마이크로초만큼 틀리다면 위치는 300m가량 차이가 난다.' 흔히들 생각하는 1초가 얼마나 위력을 갖는지 실감이 나는 대목이다. 이런 수의 세계는 이외에도 무궁무진하다.

하나님은 우리에게 세 가지 금을 주셨다고 한다. 첫 번째는 일상생활에서 없어서는 안 되는 소금을 주셨고, 두 번째는 어디에 두어도 영원히 변치 않는 황금을 주셨다. 마지막 세 번째로는 지금이라는 시간을 주셨다고 한다. 지금이 중요하다. 지금 나는 세월을 아끼고 있는가? 지금이라는 시간을 소중히 여기고 있는가? 시간은 생명이다.

6.2 사고논리

수학이란 학문은 개인의 천재성에 좌우된다고 해도 과언이 아니다. 그러나 개인의 아이디어와 생각은 사회의 묵시적인 승인을 받아야 반영되고 내용의 전개형식은 인문주의적이지만 응용에 있어서는 과학기술적이라 할 수 있다.' 이 말은 필립 데이비스(Philip Davis)와 로이벤허시(Reuben Hersh)라는 수학자가 집필한 《수학적 경험 *The Mathematical Experience*》이라는 책에서 나온 말로 1983년도 미국의 도서 상을 받고 미국 수학월간지가 극찬한 책이다. 매월 좋은 서평을 게재하고 있는 미국 수학 월간지인 《*American Mathematical Monthly*》에서는 이 책을 '진정한 보석, 현대인의 명작'으로 소개하고 있다.

이들의 주장대로, 실제로 수학의 창조자들이 느끼는 기쁨과 자신감은 이 세상 어느 것에도 비교할 수 없는 것이다. 누구나 새로운 것을 만들어 낸다는 것은 매우 큰 기쁨이고 아름다움이라고 할 수 있다. 이와 같은 이유로 때때로 수학을 문학과 같은 부류로 취급하기도 한다. 실제로, 수학과 문학은 많은 면에서 공통점이 있다. 사실 수학자들 중에는 문학에 뛰어난 소질을 가진 사람이 많이 있다. 예를 들면 유명한 명상록이라고 명명된 《팡세》를 쓴 수학자 파스칼이나, 노벨 문학상을 수상한 러셀이 수학자인 줄 모르는 사람이 많다. 유명한 불변론을 만든 실버스터, 이항정리를 만든 파스칼, 집합론의 역리를 만든 러셀 외에도 수많은 수학자들 중에는 철학자의 이름과 문학자의 명성을 가진 사람들이 많이 있다.

우리나라 옛날 선비들이 관료가 되기 위해 치렀던 과거제도에서는 시가 필수였고, 각종 생활 현장, 심지어 술자리에서도 시를 즐겼다. 특히, 당시의 기생들은 모두 여류 시인들이었다. 시문학은 문학 가운데서도 가장 창의적인 두뇌를 요구하는 것이다. 모든 생각을 압축하고, 섬세한 감정을 짧은 글속에 용해시켜 넣어야 하는 어려움이 있기 때문이다. 춘향가에 나오는 시 한수로 탐관오리를 꾸짖는 이몽룡의 시는 유명하다 못해 통쾌하기까지 하다. 또한 방랑시인 김삿갓과 대동강 물을 팔아먹었다는 봉이 김선달과 같은 사람들의 시와 아이디어는 우리 민족의 영원한 해학으로 기록될 것이다. 구름을 소재로 시를 쓴 김삿갓의 발상은 칸토어의 무한론과 일치하고 있는 것을 보면 그의 재치와 발상이 놀라울 뿐이다.

그의 시 '일봉 이봉 삼사봉 오봉 육봉 칠팔봉, 수아편작 천만봉, 구만장천 조시봉'이라는 구름에 관한 시는 한 조각의 구름이 무한의 구름이 됨을 노래하고 있다. 실제로 구름이란 미세한 물방울들이 무한이 많이 모여서 만들어진 것이다.

미래의 시대는 복제해서는 살 수 없는 시대라고 한다. 이제는 남이 생각하지 못한 새로운 것을 만들어야만 살 수 있는 시대가 되었다. 그래서 우리나라도 국가 창의재단을 만들었고, 또 국가수리과학 연구소도 만들었다. 그리고 이 험난한 시대를 어떻게 살아남을 수 있는가에 초점을 모으고 있다. 정치가나 심지어 조그만 구멍가게를 운영할지라도 기발한 역발상적인 생각을 하지 않고는 살아남기 힘든 세상이다. 그래서 수학자들이 무한이란 도구를 가지고 사람들의 두뇌를 훈련시키는 방안을 연구한 것이 이른바 미분적분학이다. 많은 학생들이 그런 공부를 해서 어디에 사용하는지 묻는다. 요즘같이 편리한 기계들과 계산기들이 많이 있는 세상에서 자신과는 아무 관계가 없는 것 같은 공부를 왜 해야 하는지 의구심이 든다는 뜻일 것이다. 언뜻 생각하면 틀린 말은 아니다. 하지만 조금만 더 생각해 보면, 사람의 몸 중에서 가장 중요한 사고논리가 들어 있는 두뇌의 움직임의 논리적 기능은 화학적 변화를 통해서 모든 정보가 전달된다는 아이러니일 것이다.

6.3 수학과 암호론

오는 2013년경에는 유·무선 인터넷 속도가 지금보다 10배나 빨라진다고 한다. 이 인터넷 망(IP)을 이용하면 현재의 고화질(HD) TV보다 4~16배 선명한 초고화질(UD) TV를 볼 수 있고 휴대폰으로도 HD급 동영상을 볼 수 있게 된다고 한다. 우리 정부가 세계 최초의 양 방향 초 광대역 정보고속도로를 오는 2013년까지 구축키로 결정했기 때문이다. 이렇듯 정보기술 발전에 힘입어 세상이 하루가 다르게 달라지고 있다. 과연 그 힘은 어디서 나올까? 그것은 바로 현대수학의 다양한 이론 덕분이라고 말할 수 있다.

스트림암호(stream ciper)란 2진법의 평문과 2진법의 비밀키를 블록암호와는 달리 각 비트마다 XOR연산하여 암호문을 얻고, 복호화는 암호문의 각 비트마다 비밀키의 각 비트를 XOR연산하여 평문을 구하는 암호시스템을 말한다. 이 때 난수표를 이용해 만든 비밀키의 길이가 평문의 길이와 같고, 한 번 사용한 비밀키를 다시 사용하지 않으면 완전암호가 된다. 이와 같이 한 번 쓴 비밀키는 버리므로 이 암호시스템을 일회용암호(one time pad)라 한다. 스트림암호는 1970년대 초반부터 유럽을 중심으로 연구되고 있다. 하지만 이러한 비밀키는 송신자와 수신자가 모두 공유해야 할 뿐만 아니라 한 번 사용한 비밀키는 다시 사용할 수 없다. 또한 대량의 비밀키를 안전하게 보내는 것도 상당히 어려운 일이다. 따라서 짧은 키로 의사난수를 발생하여 암호학적으로 안전한 비밀키를 생성할 수 있다면 암호화와 복호화가 아주 경제적이고 효과적일 것이다. 이 장에서는 이러한 비밀키를 생성하는 스트림암호 알고리즘에 대해 알아보자. 이 암호는 1917년 미국 AT&T회사의 엔지니어인 길버트 버냄(Gilbert S. Vernam)이 처음 사용했으며, 각 문자는 출현 빈도가 모두 같은 것을 사용하고, 평문은 길이와 비밀키의 길이가 같은 n개의 임의의 문자열로 이루어져 있다.

암호화는 다음 방식으로 한다. 먼저 평문과 비밀키를 준비한다. 다음에 각 n비트를 일종의 교체연산인 XOR연산을 하여 암호문자를 생성한 다음 암호문을 만든다. 이 암호는 평문의 길이와 비밀키의 길이가 같은 암호의 일종이다.

완전암호계 판정법을 이용하면 이 암호계가 완벽한 안전성을 가지고 있음을 알 수 있다. 평문, 암호문 그리고 키들의 집합은 모두 n개 문자로 이루어진 문자열들의 집합이다.

이 암호계가 안전하기 위해서는 키 수열의 집합은 모두 같은 확률로 나타나야 한다. 다시 말해서 갯수들은 무작위로 선택해야 한다. 예를 들면, 동전 던지기를 해서 앞면이 나오면 1, 뒷면이 나오면 0으로 선택하는 것과 같은 의미이다. 실제로 암호를 사용할 때는 난수표 발생기와 같은 기계장치를 이용한다. 그러나 이 암호계는 안전하기는 하지만 상당한 비용과 자원이 소모된다. 일회용 암호를 이용하려면 많은 비밀키의 원본을 준비해야 하고, 모든 정보를 공격자로부터 24시간 방어해야 한다. 이런 이유로 오늘날에는 이러한 암호계를 잘 사용하지 않는다. 2차 대전 당시 암호 해독가인 블레츨리 파크(Blechley Park)는 수상에게 독일의 이니그마(ENIGMA)를 해독했다는 메시지를 보낼 때 이 암호를 써서, 독일군대가 자신들의 암호체계가 공격당했다는 사실을 모르게 할 수 있었다.

오늘날에는 여러 가지 알고리즘을 복합적으로 사용하는 데 그중 하나는 변형된 일회용 암호를 사용한다. 하지만 완벽하고 안전한, XOR연산을 이용하여 암호화와 복호화를 간단하게 할 수 있는 일회용 암호계가 실제로는 잘 사용되지 않는다. 왜냐하면 송신자와 수신자 모두 같은 비밀키를 가지고 있어야 하기 때문이다.

긴 수열로 된 키를 비밀리에 전달하는 것은 아주 심각한 문제다. 키 수열의 길이가 암호문의 길이와 같으므로, 암호문을 전송하는 것과 같은 방식으로 키를 전달하려면 키 자체에 다시 암호를 사용해야 한다. 즉 키와 암호문의 노출 기회가 같아지게 된다. 그렇다면 차라리 평문을 그냥 직접 전달해 주는 것이 시간과 노력을 줄일 수 있지 않은가? 이 방법은 보내는 사람이 편리한 시간과 편리한 수단으로 키를 전달할 수 있는 약간의 장점은 있다. 예를 들어 특사를 파견하여 키를 전달하면 된다. 그러나 이 방법도 위험은 있다. 특사의 신변을 위협받을 수 있기 때문이다.

그리고 일회용 암호는 보내는 사람이 키를 전달하는 시점을 임의로 정할 수 있지만, 실제 메시지는 전쟁 등으로 인하여 정해진 시간에 보낼 수 없다는 데 어려움이 있다. 또한 키의 길이가 메시지의 길이와 같아야 하므로 미래의 통신에 대비하려면 엄청나게 방대한 양의 키를 미리 준비해야 한다. 많은 양의 키는 운반과 보관이 매우 어려울 뿐만 아니라 안전성도 보장받기 어렵다. 또한 아무리 많은 키를 준비하더라도 급박한 상황에서 이를 다 소모하고 나면 더 이상 통신을 진행할 수 없게 된다. 예를 들어 미국과 러시아의 핫 라인의 경우, 키가 들어있는 테이프는 외교 행랑으로 안전하게 보낼 수 있지만, 위기 상황이 발생할 때 미국과 러시아 대통령이 키보다 많은 암호문을 주고받을 수가 있다. 즉, 어떤 경우라도 키 교환 과정이 복잡하면 통신은 곤란해 질 수밖에 없다.

실제로 우리가 사는 세상이 완벽하지 않은 것처럼 정보의 교류도 사정은 마찬가지다. 1960년대까지만 해도 지나치게 추상적이라는 이유로 실용성에 의문이 제기됐던 수학의 암호 이론은 1971년 무인우주탐사선 마리너 9호가 화성 궤도에 진입, 사진들을 지구로 전송하면서 유효성이 입증돼 정보통신기술의 전면에 나서게 되었고 각광받게 되었다.

이른바 통신과정의 오류는 '0'과 '1'로 구성된 디지털 신호가 전송되면서 서로 뒤바뀌는 현상을 말한다. 이러한 정보기술의 오류를 방지하기 위해 4비트(bit)의 신호를 보낼 때 마지막에 한 자리를 더해 5비트의 신호를 보내는 방법을 이용하고 있다. 즉 1011이라는 신호를 보낼 때 마지막에 한 자리를 더해 10111로 보내는 것이다. 이 마지막 자리의 숫자는 내용과는 상관이 없고 다만 전체 숫자의 합을 짝수로 맞춰주는 역할을 한다. 전달받은 정보에 오류가 발생해 짝수가 아닌 홀수로 도착했다면, 정보가 제대로 전달되지 않았다는 것을 알려주는 역할을 담당한다.

현재 음악을 콤팩트디스크(CD)에 저장한다든지 모뎀을 이용해 인터넷을 하는 것도 암호 이론이 있었기에 가능했다. 하지만 여기에도 문제는 있다. 정보전달에 필요한 용량은 4비트인데 5비트를 보냄으로써 전송속도가 느려진다는 것이다. 이를 해결한 것이 신호압축 이론이다. 인터넷 시대가 열리면서 음성정보뿐 아니라 정지영상과 동영상 등 멀티미디어 정보 교류도 급증했다. 따라서 대용량 정보의 신속한 전달이 무엇보다 중요해졌다. 이를 해결한 것 역시 수학의 한 분야인 신호압축이론이다. 우리가 흔히 사용하는 압축방법인 짚(zip) 역시 고등 수학이론에 응용한 압축 알고리즘이다.

신호압축은 크게 무손실압축과 유손실압축이 있다. 문서 등 정보의 손실이 없어야하는 파일은 무손실압축으로 파일 크기를 줄인다. 이는 주로 사전(dictionary)기반 알고리즘이란 것을 사용한다. 사전기반 알고리즘은 일반인도 쉽게 이해할 수 있다. 문서압축을 예로 들면 어떤 문서에 반복되는 문장이 있는 경우 이를 기호로 바꾸는 방법을 생각해 볼 수 있다. 예를 들어 오늘 날씨는 맑고 내일 날씨는 흐릴 예정이라는 날씨에 관한 문서의 경우 날씨를 '1'로 표현하면 파일 크기는 대폭 줄어든다. 압축된 파일을 전달받은 사람은 사전(dictionary)에 정의된 대로 이를 다시 풀기만하면 되는데 이 사전을 얼마나 잘 만드느냐가 압축프로그램의 성능을 좌우한다. 여러 번 반복되지도 않는 단어를 압축해 전송한 후 다시 풀어내면 오히려 비효율적일 수도 있기 때문이다. 반면 중요하지 않은 정보를 삭제하는 유손실압축은 푸리에 해석이나 웨이블릿 등의 해석학적 방법을 많이 사용하는데 MP3 파일 같은 것이 유손실압축을 적용한 예다. 우리가 영상을 저장할 때 사용하는 'mpeg', 'jpeg' 역시 수학이론의 이름들이며 상세 데이터를 어떻게 없앨 수 있는가에 따라 여러 가지 압축 방법이 있다

우리는 지금 신용카드 한 장으로 집에서 쇼핑은 물론 은행거래도 가능한 시대에 살고 있다. 특히 인터넷을 통해 신용거래를 할 때 반드시 등장하는 것이 '공인인증'이다. 온라인 거래를 하는 사람이 '진짜인지 가짜인지'를 입증하기 위해서다. 또는 신용카드 비밀번호가 제삼자에게 알려지지 않게 하려고 공인인증 등 필연적인 기술을 사용하고 있다. 이 모든 것은 암호론이 없었으면 탄생되지도 않았을 것이다.

암호론은 대수학의 한 분야인 정수론에서 발전됐다. 오래전부터 군사목적 등에 사용됐던 암호는 대칭키 암호지만 현대 온라인 상거래 등에서 쓰이는 암호는 공개키 암호이다. 누구나 공개키를 가지고 메시지를 암호화할 수 있지만 해독은 비밀키가 있어야만 가능하다. 초기의 공개키 암호인 RSA 암호는 아직도 가장 널리 쓰이는 암호체계다. 최근 교통카드와 같은

스마트카드에선 타원곡선이라는 고도의 수학 이론에 기반을 둔 ECC 암호가 주로 쓰인다. 어려운 수학 문제를 풀어야 한다는 점에선 RSA와 일맥상통한다고 볼 수 있다. 요즘 수학자들은 진화된 암호를 만들기 위해서 초타원곡선이나 조합론 등에 대해 연구하고 있다.

슈뢰딩거 방정식

파동 역학의 기본이 되는 방정식이다. 미시적 역학계의 양자화(量子化) 문제를 편미분 방정식의 고윳값 문제로 취급하기 위해 유도된 것으로, 1926년 오스트리아의 물리학자 에르빈 슈뢰딩거(Erwin Schrodinger, 1887~1961)가 발견했다.

시간 의존적 슈뢰딩거 방정식

$$\left(-\frac{h^2}{2m}\nabla^2 + v(r)\right)\psi(r,\, t) = ih\frac{\partial}{\partial t}\psi(r,\, t)$$

시간 독립적 슈뢰딩거 방정식

$$\left(-\frac{h^2}{2m}\nabla^2 + v(r)\right)\psi(r) = \mathrm{E}\psi(\mathrm{r})$$

입력받을 문자 : M

도청여부 : 도청시도

M의 아스키 코드 : 77 / 2진법 : 01001101

2진법 숫자	변환된 양자신호
0	↔
1	↕
0	←
0	←
1	↕
1	↕
0	↖
1	↗

문자 : M에 대한 모의전송 결과

n 번째 자리	0	0	1	2	2	3	3	3	3	3	3	3	3	4	5	5	5	5	6	7
2진수	0:0	0:0	1:1	2:0	2:0	3:0	3:0	3:0	3:0	3:0	3:0	3:0	3:0	4:1	5:1	5:1	5:1	5:1	6:0	7:1
변환된 신호	↖	↔	↗	↖	↖	↖	↔	↖	↔	↔	↔	↖	↖	↕	↕	↗	↕	↗	↖	↗
Bob이 사용한 필터	+	+	×	+	×	+	×	+	×	×	×	+	×	+	×	+	×	×	×	×
Bob이 인식한 값	0	0	1	1	0	0	0	1	0	1	1	0	0	1	0	1	1	1	0	1
필터체크	NG	OK	OK	NG	OK	NG	NG	NG	NG	NG	NG	NG	OK	OK	NG	NG	NG	OK	OK	OK

Alice가 보낸 신호 01001101

Bob이 받은 신호 01001101

문자 : M에 대한 모의전송/도청 결과

n 번째 자리	0	1	1	2	3	3	3	4	4	4	5	6	6	6	7	7
2진수	0	1	1	0	0	0	0	1	1	1	1	0	0	0	1	1
변환된 신호	↔	↕	↕	↖	↔	↔	↖	↕	↕	↕	↕	↖	↔	↔	↗	↕
Eve의 사용필터	×	+	+	×	×	+	×	+	×	+	+	×	+	×	×	+
Eve의 재전송 신호	1	1	1	0	1	0	0	1	1	1	1	0	0	0	1	1
Bob이 사용한 필터	+	×	+	×	×	×	×	×	×	+	+	+	×	+	+	+
Bob이 인식한 값	1	0	1	0	0	1	0	0	0	1	1	1	0	0	1	1
필터체크	OK	NG	OK	OK	NG	NG	OK	NG	NG	OK	OK	NG	NG	OK	NG	OK

Alice가 보낸 신호 01001101

Bob이 받은 신호 11001101

Eve가 받은 신호 F10011F1

양자 암호전송 시뮬레이터

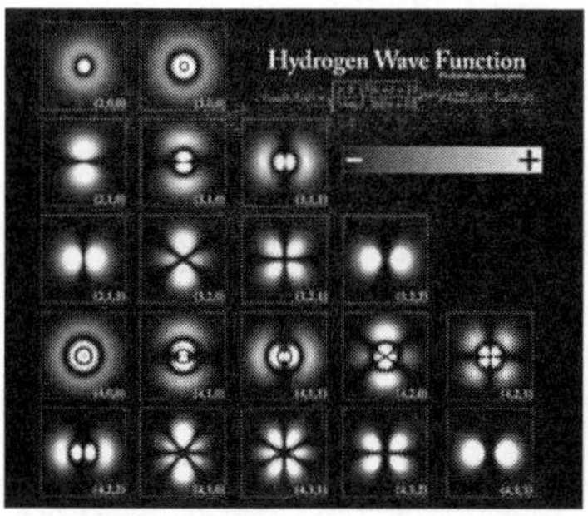

슈뢰딩거 방정식을 적용한 수소 원자의 오비탈 그림

6.4 구글이야기

요즘 컴퓨터에서 사용하고 있는 인터넷 검색 엔진 중 구글(Google)에 얽혀 있는 재미있는 에피소드가 있다. 구글이란 무슨 뜻일까? 이 단어는 영한사전에도 영영사전에도 나오지 않는다. 그런데 백과사전에는 나온다. 구글은 1998년 9월 미국 스탠퍼드 대학교의 대학원생 페이지(Larry Page)와 브린(Sergey Brin)이 공동으로 설립했다. 이듬해 6월 2,500만 달러의 공동 출자 지원을 받아 검색 서비스를 시작한 뒤, 2004년 8월 19일 나스닥에 상장했다. 인터넷 검색엔진 구글은 처음에 구골(Googol)로 등록하려다가 실수로 사명을 잘못 표기하여 구글로 등록되여 지금까지 쓰여 오고 있다고 한다. 구글은 Googol에서 따온 말로 독자들의 많은 클릭 수를 기원하면서, 회사 이름을 그렇게 지었다고 한다.

원래 Googol이란 이름은 1938년 미국의 수학자 에드워드 카스너(Edward Kasner)의 9살짜리 조카 밀턴 시로타(Milton Sirotta)에 의해 지어졌다. 구골(Googol)이란 10^{100}의 수를 말한다. 구골보다 더 큰 수는 무엇이라 할까 생각하다가 구골플렉스(Googolplex)라고 이름 붙였다. 밀턴 시로타가 표현한 구골플렉스는 1다음에 0을 계속하여 쓰다가 더 이상 쓸 수 없을 때 까지 표현한 수를 말한다. 그 후 구골플렉스란 수에 대해 수학적 정의는 1 다음에 구골 개의 0이 나타나는 수, 다시 말하면 10^{googol}을 말한다. 물리학자들에 의하면 1740년 구텐베르그 성경이 인쇄된 이후 지금까지 인쇄된 단어의 총수는 대략 10^{16} 정도 된다고 한다. 그리고 만일, 전 우주가 양자와 전자들로 꽉 차서 비어 있는 공간이 없다면, 그들의 전체 수는 10^{110}이 된다고 한다. 이 수는 구굴보다는 크지만 구골플렉스보다는 훨씬 작다고 한다. 수학자 카스너는 이 개념을 이용해 무한의 개념을 설명하여 구골플렉스(Googolplex)는 10의 Googol 제곱이라고 그의 저서 《수학과 상상 *Mathematics and the Imagination*》에 수록했다.

이쯤해서 우리나라와 서양의 숫자체계를 알아보자.

서양의 대표적인 영어에서 숫자체계를 알아보면, one(10^0=1), ten(10^1), hundred(10^2), thousand(10^3), million(10^6), billion(10^9), trillion(10^{12}), quadrillion(10^{15}), quintrillion(10^{18}), sextillion(10^{21}), septillion(10^{24}), octillion (10^{27}), nonillion(10^{30}), decillion(10^{33}), undecillion(10^{36}), duodecillion(10^{39}), … 등이다.

우리나라의 숫자체계를 알아보면, 일(一 10^0), 십(十 10^1), 백(百 10^2), 천(千 10^3), 만(萬 10^4), 억(億 10^8), 조(兆 10^{12}), 경(京 10^{16}), 해(垓 10^{20}), 자(秭 10^{24}), 양(穰 10^{28}), 구(溝 10^{32}), 간(澗 10^{36}), 정(正 10^{40}), 재(載 10^{44}), 극(極 10^{48}), 항하사(恒河沙 10^{52}), 아승기(阿僧祇 10^{56}), 나유타(那由他 10^{60}), 불가사의(不可思議 10^{64}), 무량대수(無量大數 10^{68})… 등이며 작은 수는 할(10^{-1}), 푼(10^{-2}), 리(10^{-3}), 모(10^{-4}), 사(10^{-5}), 흘(10^{-6}), 미(10^{-7}), 섬(10^{-8}), 사(10^{-9}), 진(10^{-10}), 애(10^{-11}), 묘(10^{-12}), 막(10^{-13}), 모호(10^{-14}), 준순(10^{-15}), 수유(10^{-16}), 순식(10^{-17}), 탄지(10^{-18}), 찰나(10^{-19}), 육덕(10^{-20}), 허공(10^{-21}), 청정(10^{-22})… 등이다.

재미있는 것은 서양의 숫자는 10의 3, 6, 9 승인 3의 배수 형식으로 숫자 크기에 의미를 부여하고, 우리나라에서는 10의 4, 8, 12 승인 형식으로, 4의 배수의 형식으로 그 의미를 부여한 것을 알 수 있다. 사전에 나와 있는 가장 큰 수는 1852년 최초로 기록된 센틸리온(centillion)이란 수이다. 이 수는 백만을 백번 곱한 수인데 1뒤에 0이 무려 600개가 뒤따른다. 동양에서 가장 큰 수는 불교용어인 아산키야인데, 이 수는 10^{140}과 같으며 B.C. 100년경 《자인》이란 책에 기록되어 있다고 한다. 그리고 수학 증명에 사용된 가장 큰 수는 1977년 발표된 그래함의 수(Graham's number)라고 알려져 있다. 이 수는 바이크로매틱 하이퍼큐브와 관련된 수인데 1976년 크누스가 고안한 수로서 오직 화살표로만 나타내며 숫자로는 표현할 수 없다고 한다.

6.5 수학의 노벨상인 필즈상의 내력

2010년 초여름에는 4년마다 열리는 월드컵으로 온 세상이 떠들썩하고 잠 못 이루는 밤을 보냈었다. 그런데 수학계에서도 8월 중순부터는 매 4년마다 전 세계의 수학자 1만 여명이 모여 회의를 하는 국제 수학자회의가 열린다. 2010년에는 인도의 하이드라바드에서 개최되었다. 그 자리에서 많은 새로운 논문들이 발표되었지만 무엇보다 국가원수가 수여하는 수학 최고의 상인 필즈 메달을 과연 이번 에는 누가 받을지가 초미의 관심사였다. 국제 수학자회의는 수상자를 선발하기 위한 8명으로 구성된 필즈 메달위원회가 있다. 다음 개최국이며 아시아에서는 3번째로 개최국인 우리나라는 2014년 회의를 준비하기 위해 많은 수학자들을 인도로 보내게 되고 우리 전북에서도 필자를 포함한 4명이 인도를 가게 되었다.

수학자들의 업적에 대해 주어지는 국제적인 상 중에서 대표적인 것은 필즈상이며, 노벨상에는 수학 분야가 포함되지 않아 필즈상은 수학의 노벨상이라고 부르기도 한다. 전해오는 이야기에 의하면 노벨은 이웃 연구실에 있는 수학자들과 사이가 나빴고 유언으로 수학자들에게는 노벨상을 주지 말라고 했다는 이야기가 있다. 아무튼 수학 분야에는 노벨상이 없기 때문에 1900년에 결성된 국제 수학자회의(ICM)에서 1924년에 필즈상을 제정했고, 필즈상은 가장 명예로운 상이 되었다. 더구나, 노벨상의 수상자는 나이 제한이 없기 때문에 보통 60세가 넘는데 반해 필즈상의 수상자 나이는 40세 미만이라는 제한 때문에 노벨상보다 오히려 까다로운 상으로 인식되고 있다.

1924년 캐나다 토론토에서 국제수학자회의가 열렸다. 저명한 수학자들의 발표 직후, 뛰어난 업적을 남긴 2명의 수학자들에게 금메달 증정을 결의하고, 당시 ICM 회장이었던 토론토대학 수학과 교수인 필즈는 국제 수학자회의를 위해 재정적인 후원을 얻는데 크게 기여했다. 많은 부동산을 기부하여 필즈상이 제정하게 되었고, 1936년 핀란드 오슬로에서 첫 금메달이 필즈상이라는 이름으로 핀란드 수학자인 라르스 알포르스와 미국의 수학자인 제시 더글러스에게 수여되었다. 그 후, 제2차 세계대전으로 1950년까지는 필즈상을 수여하지 않았다. 그러나 1950년부터 4년에 한 번씩 국제 수학자회의를 개최하고 1962년까지는 매번 2명씩 필즈상을 수여했으나 1966년부터는 2 내지 4명으로 그 수를 늘렸다. 2010년까지 모두 48명이 필즈상을 받았는데 국가별로는 미국 15명, 프랑스 10명, 러시아 7명, 영국 6명, 일본 3명, 독일 2명, 중국, 이탈리아, 스웨덴, 벨기에, 호주가 각각 1명씩 수상했다. 필즈 메달의 앞면에는 고대 그리스 수학자인 아르키메데스의 얼굴이 조각되어 있고, 그리스 어로 아르키메데스라 쓰여있다. 메달을 디자인한 캐나다 조각가의 이름 약자인 RTM과 TRANSIRE SUUM PECTUS MUNDOQUE POTIRI(한 사람의 영혼을 전수하고 이 세계를 마스터하기 위하여)라는 프랑스 어가 조각되어 있다. 뒷면에는 CONGREGATI EX TOTO ORBE MATHEMATICI OB SCRIPTA INSIGNIA(우수한 논문 때문에 이 메달을 받은 온 세계에 모여든 수학자들)라고 기록되어 있다.

일본의 수학자 중에 고다이라 구니히코 교수는 1954년에 필즈상과 울프상을 수상했다. 그 후 1970년 히로나카 헤이스게, 1990년 모리 시게후미 교수도 필즈 메달을 받았다. 고다이라 구니히코 교수는 1915년 3월 16일에 태어나 1997년 7월 26일 세상을 떠났다. 그는 도쿄 대학에서 박사학위를 마쳤고, 18년 동안 미국에서 수학이 가장 강한 프린스턴 대학교에서 연구 활동을 시작했다. 고다이라 교수의 주요 업적으로는, 수학자 스펜서(Spencer)와 함께 개척한 변형 이론이 있다. 이 이론에서 고다이라는 스펜서와 함께 고다이라-스펜서 함수를 정의했는데, 이 함수는 주어진 복소다양체의 모든 가능한 변형들을 분류해 주는 역할을 한다. 현대 변형 이론의 기초는 이 고다이라의 업적에서 시작된다고 할 수 있다. 그의 죽음을 애도하는 일본 국민들은 그를 국장으로 예우했다고 한다. 2014년에 ICM 개최국인 우리나라에서도 필즈상 수상자가 나오기를 기대해 본다.

필즈상은 4년마다 한 번이라는 제약이 있다. 예를 들어 38세 때 수상을 놓치면 그 후에 아무리 우수한 논문을 써도 수상할 수 없다고 한다. 페르마의 마지막 정리를 증명한 앤드류 와일즈만 해도 최초에 증명을 내놓은 것이 1993년이었다. 그런데 이때 오류가 있음이 지적되면서 1994년에 필즈메달을 수상하지 못했다. 완성된 증명을 내놓은 것은 1994년 ICM(국제 수학자 총회)이 끝난 이후였는데, 1998년 ICM 때는 이미 40세가 넘어서 필즈상을 못 타고 대신 공로상을 받았다고 한다. 당연히 필즈상이 노벨상보다 어렵다는 말이 나오지 않겠는가? 현재까지 수상한 필즈상은 미국(12), 프랑스(9), 러시아(8), 영국(6), 일본(3), 벨기에(2), 핀란드(1), 노르웨이(1), 이태리(1) 중국(1), 뉴질랜드(1), 스웨덴(1), 독일(1), 호주(1) 순이다. 세계 수학자대회(ICM) 개최 장소와 필즈 메달 수상자 명단은 다음과 같다.

세계 수학자대회 개최 장소와 역대 필즈 메달 수여자 명단

1회 (1897) - 취리히(Zürich)

2회 (1900) - 파리(Paris)

3회 (1904) - 하이델베르크(Heidelberg)

4회 (1908) - 로마(Rome)

5회 (1912) - 런던(London)

6회 (1920) - 스트라스부르(Strasbourg)

7회 (1924) - 토론토(Toronto)

8회 (1928) - 볼로냐(Bologna)

9회 (1931) - 취리히(Zürich)

10회(1936) - 오슬로(Oslo) Lars Valerian Ahlfors(핀란드)

Jesse Douglas(미국)

11회(1950) - 보스턴(Boston) Laurent Schwartz(프랑스)

Atle Selberg(노르웨이)

12회(1954) - 암스테르담(Amsterdam) Kunihiko Kodaira(일본)

Jean-Pierre Serre(프랑스)

13회(1958) - 에든버러(Edinburgh) Klaus Friedrich Roth(독일)

Rene Thom(프랑스)

14회(1962) - 스톡홀름(Stockholm) Lars Hörmander(스웨덴)

John Willard Milner(미국)

15회(1966) - 모스크바(Moscow) Stepen Smale(미국)

Michaek Francis Atiyah(영국)

Alexander Grothendieck(독일)

16회(1970) - 니스(Nice) John Griggs Thompson(미국)

Alan Baker(영국)

Heisuke Hironaka(일본)

Serge Novikov(러시아)

17회(1974) - 벤쿠버(Vanouver) Enrico Bombieri(이태리)

David Bryant Mumford(영국)

18회(1978) - 헬싱키(Helsinki) Pierre Rene Deligne(벨기에)

Charles Louis Fefferman(미국)

Gregori A. Margulis(러시아)

Daniel G. Quillen(미국)

19회(1982) - 바르샤바(Warszawa) William P. Thurston(미국)

Shing-Tung Yau(중국)

	Alain Connes(프랑스)
20회(1986) - 버클리(Berkley)	Gerd Faltings(독일)
	Michael H. Freedman(미국)
	Simon K. Donaldson(영국)
21회(1990) - 교토(Kyoto)	V.G.Drinfeld(러시아)
	Vaughan F.R.Jones(뉴질랜드)
	Shigefumi Mori(일본)
	Edward Witten(미국)
22회(1994) - 취리히(Zürich)	Jean Bourgain(벨기움)
	Pierre-Louis Liois(프랑스)
	Jean-Christophe Yoccoz(프랑스)
	Efim Zelmanov(러시아)
23회(1998) - 토론토(Toronto)	Richerds Borcherds(영국)
	Willam Timothy Gowers(영국)
	Maxim Konsevich(러시아)
	Curties McMullen(미국)
24회(2002) - 북경(Peking)	Laurent Lafforgue(프랑스)
	Vladimir Voevodsky(러시아)
25회(2006) - 마드리드(Madrid)	Andrei Okounkov(러시아)
	Grigori Prelman(러시아)
	Terence Tao(호주)
	Wendelin Werner(프랑스)
26회(2010) - 하이데라바드(Hyderabad)	Elon Lindenstrauss(이스라엘)
	Ngo Bao Chau(프랑스, 베트남)
	Stanislav Smirnov(스위스)
	Cedric Villani(프랑스)

27회(2014) - 서울(Seoul Korea) ?

국가별 필즈상 수상자 수 (1936년~ 2010년 총 16개국 52명)

미국 -12	프랑스 - 11	러시아 - 8
영국 - 6	일본 - 3	벨기에 - 2
핀란드 - 1	노르웨이 - 1	이태리 - 1
중국 - 1	뉴질랜드 - 1	스웨덴 - 1
독일 - 1	호주 - 1	이스라엘 - 1
스위스 - 1		

6.6 ICM 체험기

필자는 2010년 8월 16일부터 25일까지 인도의 남부도시인 하이데라바드에서 열린 ICM에 한국 대표의 일원으로 참가했다. 매 4년마다 열리는 세계 수학자 대회를 2014년에는 한국에서 개최하기 때문에 우리 전북에서도 4명의 대표단을 파견하게 되었다. 특히 2014년 ICM 한국 유치를 앞두고 KMS에서는 160여 명의 수학자를 인도에 참석시키는 데 성공했다.

국제수학자연맹(IMU)이 4년마다 개최하는 국제수학자대회(ICM)는 역사가 112년에 이르는 기초과학 분야의 가장 오래된 학술대회로 아시아에서는 일본, 중국, 인도가 각각 한 번씩 개최했다. 행사에는 100여 개 나라에서 4,000여 명의 수학자가 참여했으며 특히 개최국 국가원수가 '수학의 노벨상'으로 불리는 필즈상(Fields Medal)을 수여하는 것으로도 유명하다.

필즈상은 자타공인 수학계의 최고 상이다. 상금은 노벨상처럼 어마어마한 액수(솔직히 거의 100배 차이)는 아니지만 4년마다 40세 미만의 수학자 중에서 수학사에 지대한 공헌을 한 사람에게 수여하는 상이라 수학자들이라면 누구나 꿈꾸는 상이다. 하지만 수학의 난제였던 페르마의 마지막 정리를 증명한 미국의 수학자 앤드류 와일즈도 나이로 인해서 필즈상을 수상하지 못했을 정도로 수상을 하기란 '하늘에 별 따기'다.

2010년의 필즈상은 이스라엘의 히브리대학 교수인 엘론 린덴 스트라우스(Elon Lindenstrauss), 프랑스 파리의 파리 스드 올세이대학의 응오 바우처오(베트남인, Ngo Bao Chau) 스위스 제네바대학 교수인 스탄스 심오노브(Stanislav Smirnov), 그리고 프랑스 포앙카레 연구소의 케드릭 빌아니(Cedric Villani) 등 4명이 수상했다. 그리고 울프상은 예일대 교수인 다니엘 스펠만(Daniel Spielman) 교수가 수상했고, 가우스 상은 야브 메이어(Yves Meyer)가 수상했다. 금년에 처음으로 제정한 천 메달과 50만 불의 상금은 뉴욕대학의 루이스 니렌버그(Louis Nirenburg)가 수상했다.

이미 2009년 2월에 우리나라를 방문한 라슬로 로바 국제수학자연맹(IMU) 회장은 대회 유치를 위한 우리 수학계의 일치된 노력과 정부 및 관련기관의 강한 지원 의지에 대해 높은 점수를 줬다. 수학자들의 최대 축제이자 '수학의 올림픽'으로 불리는 국제수학자회의(ICM)의 2014년 개최지 선정에 앞서 실사를 위해 방한한 로바 회장은 국제수학자회의 개최지 선정을 앞두고 마쯔밍(Ma Zhi Ming) 부회장, 마틴 그뢰첼(Martin Groetschel) 사무총장과 함께 실사단을 구성해 우리나라를 찾았다.

이들 실사단은 서울을 시작으로 유치 경쟁국인 캐나다 몬트리올과 브라질 리우데자네이루 3개 도시를 순회하면서 대회 개최 가능성과 유치 의지

등을 평가했다. 최종 후보지는 서울로 선정됐으며 인도 방갈로에서 열리는 IMU 사무총회에서 단일 후보지를 추인하는 형태로 이뤄졌다.

한국은 세계 수학계에서 가장 많은 수학올림피아드 수상자 배출과 빠르게 늘어나는 논문 발표 등으로 주목받고 있다. 이러한 연구 잠재력이 오는 2014년 열릴 국제수학자회의 유치에도 무게를 더해줄 것으로 보고 있다. 우리나라는 특히 제안서를 통해 대회에 참가할 자금 여력이 부족한 개발도상국 수학자들에게 참여할 기회를 주기 위해 1,000명에 대한 여비지원 프로그램을 제시해 국제수학자연맹 측에 깊은 인상을 남겼다.

또 로바 세계 수학자 대회 회장은 "수학올림피아드대회 수상자 등 한국의 젊고 재능 있는 인재들이 앞으로 국제 수학계에서 의미 있는 활동을 펼칠 것으로 보며 그들을 격려하고 자극을 주는 게 중요하다고 본다."고 조언했다. 또한 "일반인들에게 수학은 닫힌 분야로 간주되는 경우가 많고 초등학생들은 마치 수학이 200년 전에 발전이 끝난 분야로 생각하기도 하는데 이러한 생각을 바꾸기 위해 수학자들이 다양한 활동을 해야 할 것"이라고 제언했다.

6.7 노벨상

지난 밀레니엄 전환기인 2000년, 노벨상 제정 100주년을 맞이해 많은 학자들은 노벨과학상에 대해 다양하게 분석했다. 이 가운데 우리의 관심을 끌었던 내용은 노벨과학상의 국적별 분포였다. 지난 100년 동안 노벨과학상 수상자들의 국적별 분포를 살펴보면 총 469명 가운데 미국이 199명으로 전체의 42.2%를 차지하면서 전체 수상국 27개국 가운데 1위를 차지했다. 다음은 영국이 70명(14.9%)으로 2위, 독일이 61명(13.0%)으로 3위에 랭크됐고, 미국, 영국, 독일 등 선두 3개국은 전체 노벨과학상 수상자들의 70% 이상을 배출했다. 동아시아에서는 일본이 7명(1.5%)으로 캐나다와 함께 공동 11위를 차지했지만 객관적인 국력에 비해서는 노벨과학상 수상자가 상대적으로 적은 편으로 인식됐다.

2009년에 노벨과학상 수상 자료를 다시 분석해 지난 100년의 통계와 비교해 보니 몇몇 특징적인 징후들을 발견할 수 있었다. 우선 가장 두드러진 특징은 2001년에 7명으로 11위였던 일본이 6명의 수상자를 추가로 배출해 2008년에 7위로 급부상했다는 것이다.

또 다른 특징은 이스라엘이 2004년에 2명의 수상자를 배출해서 28번째 노벨과학상 수상국이 됐다는 점이다. 이스라엘은 파키스탄이 1979년에 27번째 수상국이 된 이래 무려 25년 만에 신흥 노벨과학상 수상국에 이름을 올리게 됐다. 시간이 지날수록 노벨과학상을 한 번도 수상하지 못한 나라가 새롭게 노벨과학상 수상국이 되기가 얼마나 어려운가를 입증해주는 중요한 대목이다. 노벨과학상 수상국 선두 3개국 내의 점유율 변화도 최근 변화에 많은 시사점을 보여주고 있다. 2008년에 미국은 231명(43.6%)의 수상자를 배출해 77명(14.5%), 65명(12.3%)을 각각 배출한 영국과 독일을 점유율 측면에서 격차를 벌렸다. 이것은 선두 3개국 내에서도 승자독식의 추세가 점차 강화되고 있다는 것을 말해주고 있다.

수상 경향은 미국 중심의 수상 독주가 점차 심화되고, 미국 내 유대인 네트워크의 영향력이 더욱 커지고 있음을 보여주고 있다. 노벨과학상의 수상 추세를 바탕으로 우리나라의 노벨과학상 수상 가능성에 대해 생각해보면 안타까운 마음을 금할 수 없다. 우선 노벨과학상 수상국 신규 진입이 앞으로 점점 더 어려워질 것이라는 예측은 우리가 노벨과학상 수상자를 배출하기 위해서는 현재보다 훨씬 더 많은 노력을 해야 한다는 것을 말해준다. GDP 대비 국가 연구 개발비의 비율이 세계 최고 수준인 이스라엘과 같은 과학기술 강국도 신규로 노벨과학상 수상국으로 진입하는 데 무려 25년이 걸렸으니, 우리는 앞으로 얼마나 더 오랜 세월이 흘러야 29번째 수상국으로 진입할지 알 수 없는 상황이다.

따라서 우리도 과학기술 연구 개발 투자를 보다 유연하게 하고 연구비의 집행을 보다 융통성 있게 해 독창적인 자생 연구 활동을 지속적으로 독려해야 한다. 또한 최고 수준의 과학자들과 국내의 젊은 연구자들의 연결을 지원하여 글로벌 연구 감각과 광범위한 연구 네트워크를 유지할 수 있도록 해야 한다.

노벨과학상 수상 자체가 과학기술 연구의 궁극적인 목적이 될 수는 없다. 그러나 기초과학 분야에 대한 투자가 꾸준히 계속된다면 언젠가 우리도 노벨과학상을 수상하게 되리라는 것은 자명한 일이다. 결국 우리의 독창적인 연구가 지속적으로 누적되고 이 연구를 알릴 수 있는 효과적인 글로벌 네트워크가 마련되고, 이 네트워크를 통해 국가의 독창적인 연구가 적절하게 알려질 때 우리도 노벨과학상 수상국 대열에 합류할 수 있을 것이다.

6.8 수학자의 상

우리말에서 노벨상은 고유명사가 아니라 일반명사화되어 하나의 관용표현처럼 사용된다. 예컨대 노벨상감이라는 말은 정말 노벨상을 받을 만한 경우에도 쓰이지만 그냥 대단한 일을 일컫는 일상적인 표현이기도 하다. 노벨상에는 물리학상, 화학상, 의학상, 문학상, 평화상, 경제학상의 6개 분야가 있다. 그런데 유감스럽게도 과학의 가장 기초가 되는 수학상은 없다. 몇 년 전까지 수학 분야에서 노벨상에 견줄만한 상은 필즈상(Fields medal)이었다. 그런데 필즈상은 노벨상과 여러 면에서 차이가 있다. 필즈상은 4년에 한 번씩만 수여하고 수상자의 연령이 만 40세 미만으로 제한되어 있다. 또한 가문의 영광이자 국가의 영광인 필즈상에서는 상금보다 명예가 중요하기는 하겠지만 필즈상의 상금은 1만 달러에 불과해 노벨상과 큰 차이가 있다.

노벨상에 필적할 만한 상을 제정하고자 하는 수학계의 염원은 아벨상(Abel prize)으로 그 결실을 맺었다. 아벨상은 매년 수상자를 배출하고, 연령 제한이 없으며, 상금은 노르웨이 크로나로 6백만, 미화로 약 백만 달러이므로 여러 면에서 노벨상과 동격이라고 할 수 있다. 2003년 첫 수상자를 낸 아벨상은 노르웨이의 수학자 닐스 헨릭 아벨(Niels Henrik Abel, 1802~ 1829)을 기리기 위한 것이다. 여러 수학자 중 노르웨이 출신인 아벨의 이름을 넣은 것은 스웨덴 출신인 노벨과 발음이 유사하고 스웨덴과 노르웨이가 북유럽의 이웃 국가라는 점도 작용했을 것이다.

아벨의 수학적 업적 중 중요하게 손꼽히는 것은 불과 19세 때 5차 방정식의 일반해가 존재하지 않는다는 사실을 증명한 것이다. 수학자들은 1차 방정식에서 시작하여 자연스럽게 2차, 3차, 4차 방정식으로 차수를 높여가면서 일반해를 찾았다. 이 때 3차 방정식의 해법은 2차 방정식의 근의 공식을 이용하고, 또 4차 방정식의 해법은 3차 방정식의 근의 공식을 이용하는 식으로 전개되었기에 4차 방정식의 근의 공식을 이용하면 5차 방정식의 해법을 알아낼 수 있으리라 추측했다. 기라성 같은 수학자들이 5차방정식의 해법을 찾는 데 도전했지만 큰 장에에 부딪혔다. 결국 5차방정식 문제는 약 3세기 동안 수학의 난제로 남아 있다가 아벨에 의해 일반해가 존재하지 않는다는 것이 증명되었다. 아벨은 5차방정식에 관한 논문을 당시 수학계의 최고 권위자였던 가우스에게 보냈으나, 가우스는 논문을 읽어 보지도 않고 쓰레기통에 버렸다고 한다. 결국 아벨은 당대에는 인정받지 못한 채 27세의 나이에 요절했다.

아벨의 수학적 재치를 보여주는 일화가 하나 있다. 중학생 시절 아벨은 수학 선생님에게 편지를 보냈는데, 마지막에 날짜를 60643.21219의 3제곱근 이라고 적었다. 60643.21219의 3제곱근이란 이 수를 세 번 곱해서 60643.21219가 되는 수를 말한다. 예를 들어 8의 3제곱근은 세 번 곱해서 8이 되는 수, 즉 2이다. 계산기로 60643.21219의 3제곱근을 계산하면 약 1823.5908이 된다. 그러므로 편지를 작성한 해는 1823년이고, 소수점 아래의 0.5908을 계산하여 월일을 알아내야 한다. 365×0.5908=215.64이고 평년인 1823년에서 215일째 되는 날은 8월 3일이므로 215.64에 해당하는 날짜, 편지를 적은 날짜는 8월 4일이 된다.

아벨상 선정위원회는 2003년에 최초로 장 피에르 세레에게 수여했으며 2004년에는 마이클 아티아와 이사도르 싱거, 2005년에는 피터 락스, 2006년에는 시니비사 바라드한, 2008년에는 존 톰프슨과 자퀴 티트 그리고 2009년에는 러시아 태생 프랑스 수학자인 미가일 그로모프가 받았다. 2009년도 상금은 684,000유로로 약 백만 달러 가까이 되며 5월 24일 오슬로 대학에서 노르웨이의 국왕 하랄드 5세가 아벨상을 직접 수여했다.

6.9 금융수학

최근에 최고의 수익을 올린 사람은 누구일까? 은퇴한 마이크로소프트의 빌 게이츠일까? 아니면 세계 최대 갑부인 스티브 잡스일까? 미국에서 가장 많은 돈을 번 사람은 전직 수학교수로, 헤지펀드 투자회사인 르네상스 테크놀로지 제임스 사이먼스의 사장이다.

그는 대학교수지만 학생들에게 수학을 가르치고 있진 않다. 헤지펀드 투자회사 대표로서 직원들에게 어떻게 투자할 것인지를 수학으로 설명하고 있다. 전직 하버드 대학교 수학교수인 사이먼스 대표는 작년 미국에서 최고 수익을 올렸다. 지난 3월 미국의 유력 경제지 월스트리트 저널은 "$2.5 billion in Pay Makes Hedge Fund World's Top Earner"라는 기사를 통해 사이먼스 대표가 기라성 같은 대기업과 투자회사의 대표들을 제치고 최고의 자리에 등극했다고 보도했다. 당시 이 신문은 소득조사 전문업체인 알파 서베이자료를 인용해 사이먼스 대표가 지난해 총 25억 달러(약 2조 9,000억 원)의 수입을 올렸다고 전했다. 사이먼스 대표의 작년 수입은 세계적 투자은행 골드만삭스의 로이드 블랭크페인 회장의 연봉 5천480만 달러를 무색하게 하는 액수다. 놀라운 것은 그가 경제나 경영학을 공부한 사람이 아니라 수학자 출신이라는 것이다. 그는 교수직을 그만두고 금융계에 뛰어들면서 경이적인 실적을 올리고 있다. 물론 수학자 출신의 교수가 훌륭한 기업가가 되지 못한다는 법은 없다. 그러나 흥미로운 사실은 사이먼스 대표의 비결이 일반적으로 돈을 벌 수 있는 새로운 경영기법이나 신상품 개발에 있는 것이 아니라는 점이다. 그가 이처럼 큰돈을 벌 수 있었던 것은 그의 전공인 수학을 이용해 복잡한 금융 메커니즘을 정확히 예측해 투자했기 때문이다. 그의 일과는 수학에서 시작해서 수학으로 끝난다. 그는 돈을 벌 수 있는 비결이 바로 수학적 계산에서 나온다고 굳게 믿고 있다. 그리고 그 결실을 만끽하고 있다. 수학에 돈이 있다는 것이 그의 굳은 신념이다.

은행을 비롯한 금융업계에서 퀀트(quants)라는 말은 그리 낯선 단어가 아니다. 퀀트는 '수량으로 잴 수 있는' 뜻을 가진 영어 단어 quantitative와 분석가를 의미하는 analyst에서 나온 말로 금융업계에서도 아주 중요한 직종이다. 따라서 수학 전공자들이 두각을 가장 잘 나타낼 수 있는 대표적인 분야다. 수학, 또는 수학 이론을 통해 시장을 읽고 금융 상품을 만들며 가격을 결정하고, 또 투자를 결정하기 때문에 수학자들을 선호한다. 미국에서는 수학자가 최고의 직업으로 각광받고 있는 것으로 나타났다. 구직전문 사이트 커리어캐스트의 조사 결과에 따르면 수학자는 미국의 200개 직업 중 최고의 직업으로 뽑혔다. 수학은 이제 단순히 순수 기초과학으로만 머물고 있지 않다. 은행을 비롯해 보험 등 금융관련 기관에서 의사결정을 하는 데 중요한 역할을 하고 있다. 또한 연간 수입도 9만 4,160달러에 달하는 고소득 직종으로 분류돼 최고의 직업으로 꼽혔다.

우리나라는 아직 광범위한 분야에서 수학 전공자를 선호하거나 우대하지 않는다. 대학 학부과정에서 수학을 전공한 대학생들의 정규직 취업률은 대체로 대학 전체의 취업률과 비슷하거나 오히려 조금 낮은 수준이다. 우리나라에서 수학 전공자에 대한 인식은 썩 좋은 편이 아니다. 수학 전공자들은 주로 교사의 길을 걷거나 학원 강사로 나서는 경우가 많다. 그러나 최근 수학 전공자들이 금융권에 많이 진출하고 있다. 요즘에는 통계학은 물론 금융수학, 보험수학 등 새로운 분야가 생기면서 기업체의 수요도 증가하고 있고 수학을 전공하려는 학생들도 증가하는 추세다. 특히 은행권에서도 출신학교보다는 수학이라는 전공에 주목해 채용하는 경우가 늘고 있는 것으로 나타났다. 수학은 순수과학으로 모든 과학의 기초가 되는 학문이다. 우리나라의 경우 순수과학에 너무나 치우쳐 있다는 지적이 많다. 그러나 응용수학에 대한 수요도 증가하고 있다. 따라서 소극적이었던 수학이 적극적인 수학으로 변할 것으로 보인다. 이제 돈을 벌려면 수학을 해야 하는 시대가 왔다. 전직 하버드 수학교수인 사이먼스 대표가 바로 산 증인이다.

6.10 금융수학의 위험성

미국 월가가 한 개의 수학 공식으로 붕괴됐다. 월가의 붕괴는 세계금융 시장을 강타하고 수천 조 달러가 공중분해 되는 도미노 현상으로 각국이 그 해법을 찾기 위해 부심하고 있다. 믿기 어렵겠지만 국내외 금융 공학자들과 수학자들 사이에선 수학 공식 하나가 글로벌 금융 위기를 키운 불씨였다는 얘기가 퍼져 있다.

문제의 공식은 2000년 데이비드리 라는 중국계 금융 공학자가 《저널 오브 픽스트 인컴 *The Journal of Fixed Income*》이란 학술지에 발표한 가우시안 코풀라 함수(Gaussian copula function)다. 이 공식이 나오기 전까지 월가는 모기지(주택담보대출) 채권에 거의 투자하지 않았다. 월가의 투자자들은 손실 위험이 큰 만큼 고수익을 올릴 수 있는 '리스크(위험)'를 즐기기 때문이다. 반면 그들은 '불확실성'을 가장 싫어한다. 이는 금융업을 종사하는 사람들의 불문율과 같은 것이다. 그런데 주택담보대출은 언제 집 값이 떨어질지, 돈을 빌린 사람이 언제 실직해서 돈을 못 갚게 될지 예측하기 어렵기 때문에 불확실성이 크다. 침을 흘릴 만큼 호재이지만 불확실성 때문에 성큼 달려들 성질이 아니었다. 그래서 불확실성을 줄일 방법을 생각한 끝에 여러 개를 혼합하면 불확실성이 줄어들 것이라고 보고 부채담보부증권(CDO)이란 상품을 만들었다. 부채담보부증권(CDO)이란 500 ~ 1000개의 모기지 채권을 묶어서 새로운 채권을 만든 것이다. 하지만 여전히 불확실성은 남아 있었다.

수학자들이 이 문제를 해결하기 위해 만든 가우시안 코풀라 함수가 불확실성을 제거하는 해결사로 등장했다. 가우시안 코풀라 함수를 이용하면 불확실한 수많은 모기지의 상환 가능성을 계산하여 가격을 산정할 수 있다는 것이었다.

월가의 금융 공학자들은 가우시안 코풀라 함수에 열광했다. 불확실성이

커서 거래하기 힘들다던 부채담보부증권(CDO)에 가격을 매길 수 있게 되자 엄청난 시장이 열렸다. 더구나 저금리로 갈 곳을 잃은 신규 자금이 월가에 몰려들면서 부채담보부증권(CDO)이란 신상품은 폭발적인 인기를 끌었다. 부채담보부증권(CDO) 시장은 2000년에 2,750억 달러 정도였지만 절정에 달했던 2006년에는 4조 7,000억 달러에 이르렀다.

하지만 하나의 수학 공식에 의존했던 부채담보부증권(CDO) 시장은 결국 붕괴됐고 리먼 브러더스의 파산 등 월가 투자은행의 몰락을 불러왔다. 결정적 이유는 중요한 가정에 문제가 있었기 때문이다. 부채담보부증권(CDO) 시장이 번창할 때의 모기지 채권이 부도날 위험에 대한 시장 가격은 최근 10년간 부동산 활황기 가격을 기초로 한 것이다. 그러나 이것은 부동산 가격이 급락할 때의 위험성을 생각지 못한 것이다. 미국의 부동산 버블 붕괴로 주택 가격이 떨어지면서 가우시안 코풀라 함수로 산정한 부채담보부증권(CDO) 가격은 아무 의미 없는 수치로 변했고, 60%나 폭락했다. 월가의 금융인들이 그만 탐욕에 눈이 멀어 그 함수의 함정을 무시해버린 건 아닌지 모르겠다.

이열치열이라는 말이 있다. 수학자가 일을 냈으니 해결도 수학자가 해야 하는 결자해지가 필요한 시점이다. 그러나 한번 무너진 질서를 다시 구축하는 데는 엄청난 시간과 돈이 요구되고 수돗물의 마중물과 같은 투자를 해야 한다. 다시 기존의 흐름을 찾기 위해서는 무너진 신용과 도미노 현상과 같은 일을 해결하는 새로운 수학적 도구가 절실하게 요구된다.

6.11 21세기 밀레니엄 문제

2000년 5월 클레이 수학 연구소(CMI)는 1900년 파리에서 국제수학자대회를 최초로 시작한 것을 기념하기 위해, 파리에서 공개적으로 열린 회견을 통해 일곱 개의 미해결 수학 문제를 제시하고 각각에 100만 달러의 현상금을 내걸었다. 그 문제들은 여러 나라의 수학자들로 이루어진 선정 위원회가 오늘날 수학에서 가장 중요하고 어려운 문제라고 선정한 것들이다. 현상 공모 발표는 꽤 큰 반향을 불러일으켰고, 여러 주 동안 언론의 관심을 받았다. 총 700만 달러 - 문제당 100만 달러이며 공모 기간은 무제한이다 - 의 상금은 미국인 부호 랜던 클레이에게서 나왔다. 1999년 그는 비영리 단체인 클레이 수학 연구소(CMI)를 그의 고향인 메사추세스 주 케임브리지에 설립했다. 설립목적은 수학 연구를 장려하고 지원하는 것이었다. CMI는 파리에서 열린 발표회를 주관했으며, 밀레니엄 현상 공모의 행정업무를 맡았다.

일곱 개의 문제는 CMI 과학 자문회가 선발한 국제적으로 유명한 수학자들로 구성되었고 CMI의 재정 지원 책임자인 자페가 지휘하는 소규모 선정 위원회에 의해서 수개월에 걸쳐 선정되었다. 미국 수학회 회장을 역임한 바 있는 자페는 현재 하버드 대학 클레이 연구소 수학 교수직을 맡고 있다. 선정 위원회는 선택된 일곱 개의 문제가 오늘날 수학에서 가장 중요한 미해결 문제라는 것에 합의했다. 대부분의 수학자들도 동의할 것이다. 그 문제들은 수학 주요 분야의 핵심에 있고, 전 세계 최고 수학자들의 노력을 무색하게 한 문제들이다.

문제 선정에 참여한 전문가들 중에는 앤드류 와일즈 교수가 포함되어 있다. 그는 오랫동안 미해결 문제였던 페르마의 마지막 정리를 증명한 장본인이다. 만일 그가 없었다면 약 350년이나 된 페르마의 마지막 정리 증명 문제 또한 밀레니엄 문제에 포함되었을 것이다. 와일즈 교수와 함께 선정에 참여한 전문기로는 지페 교수 외에 아티야 교수와 테이트 교수 - 이들이 파리에서 문제를 발표했다 - 프랑스의 알랭 콘느 교수, 미국의 에드워드 위튼

교수 등 6명이다.

이상하게 여길지도 모르지만 클레이는 수학자가 아니다. 그는 하버드 대학원에서 영어를 전공했다. 하지만 그는 모교의 수학 교수직 재정을 지원하며, 클레이 수학 연구소를 지원하고(그가 현재까지 클레이 연구소에 기부한 금액은 9,000만 달러다), 이제는 밀레니엄 현상 공모까지 지원한다. 그가 이렇게 발 벗고 나서는 이유는 중요한 분야에 주어지는 국가의 공공재정이 너무 낮다고 여기기 때문이다. 대규모 현상 공모를 주최하고 이를 알리는 발표회에 세계 언론을 끌어들임으로써 클레이는 밀레니엄 문제들이 국제적인 대중매체의 주목을 받도록 만들었다. 그런데 왜 파리에서 발표회를 연 것일까?

그 이유는 깊은 역사가 있다. 정확히 100년 전인 1900년 파리에서 비슷한 사건이 있었기 때문이다. 당시 파리에는 제2차 국제 수학자 회의가 열렸다. 8월 8일 당시 수학계를 이끌던 독일 수학자 힐베르트는 초청 강연에서 20세기 수학을 위한 안건들을 제시했다. 강연에서 그는 그가 생각하기에 가장 중요한 미해결 문제 23개를 나열했다. 소위 '힐베르트 문제'라고 불리게 된 이 문제들은 수학자들을 미래로 이끄는 횃불이었다.

힐베르트가 제시한 문제들 중 소수는 그가 예상했던 것보다 훨씬 쉬웠고 금방 해결되었다. 또 일부 문제들은 정확한 대답이 불가능할 만큼 불명료했다. 그러나 대부분의 문제들은 매우 난해한 수학 문제라는 것이 밝혀졌다. 힐베르트 문제들 중 하나를 해결한 사람은 수학계에서 노벨상에 결코 뒤지지 않는 명성을 얻었다. 문제를 푼 수학자들은 노벨상 수상자처럼 성취의 보상을 얻기 위해서 여러 해를 기다릴 필요가 없었다. 해답이 옳다는 것에 수학계가 동의하는 순간 영광과 포상이 주어졌기 때문이다.

2000년까지 1900년 파리 세계 수학자 대회에서 제시된 힐베르트의 23문제들은 한 문제를 제외(리만 추측)하고 모두 해결되었다. 이제 수학자들에게 새로운 과제를 부여할 때가 온 것이다. 두 번째 밀레니엄을 마감하는 시점에서 최대의 문제들은 무엇일까? 모든 사람들이 수학계의 에베레스트 산이라고 인정한 미해결 문제들은 어떤 것들일까? 모두가 궁금하게 여기는 문제가 만들어지기 시작한 것이다.

1900년 세계 수학자대회 장소였던 파리 발표회는 역사를 재현하려는 노력이기도 하지만, 전적으로 그런 것만은 아니다. 와일즈가 지적했듯이, 밀레니엄 문제를 발표하는 CMI의 목표는 힐베르트의 목표와 약간 다르기 때문이다. "힐베르트는 그의 문제들을 통해서 수학에 지침을 주려고 했다."라고 와일스는 말한다. "그러나 우리는 중요한 미해결 문제들을 지적하려고 할 뿐이다. 수학의 기획 전반을 대변할 문제를 골라내기는 어렵다. 다시 말해서, 밀레니엄 문제들은 수학이 지금 어디로 가고 있는지를 말해 주기에는 부족할 수도 있다는 말이다. 그러므로 그 문제들은 현재 수학의 최전방이 어디에 있는지를 보여주는 훌륭한 정지화면일 뿐이다."고 피력했다.

그렇다면 밀레니엄 문제들에는 어떤 것들이 있을까? 오늘날의 수학은 상당한 배경지식 없이는 모두가 이해하기가 불가능한 지경에 이르렀다. 따라서 일단 문제들의 명칭을 말하고 그 문제들이 무엇과 관련 있는지 간략하게 이야기하겠다.

1. P 대 NP 문제 (P vs NP Problem)

이 문제는 밀레니엄 문제들 중에서 유일하게 컴퓨터와 관련된 문제다. 아마 많은 사람들이 "요새는 수학 연구를 대부분 컴퓨터로 하잖아?"라고 반문할 것이다. 정말 그럴까? 아니다. 실상은 그렇지 않다. 물론 맞는 말이기도 하다. 대부분의 수치 계산은 컴퓨터에 의해서 수행된다. 그러나 수치 계산은 수학의 작은 부분에 불과하며 핵심적인 부분이 아니다.

컴퓨터는 수학에서 나왔지만, 컴퓨터를 위해서 필요한 수학의 마지막 단계는 최초의 컴퓨터가 제작되기 수년 전인 1930년대에 완성되었다. 지금까지 컴퓨터 세계에서 발생한 중요한, 그리고 세상에서 가장 중요하다고 인정할만한 수학적 문제는 단 두 개에 불과하다. 그 두 문제는 계산 기계라기보다는 개념적 처리 과정으로 이해된 컴퓨터와 관련된다. 물론 이런 이해가 실제 계산에 대해서 중요한 해결의 열쇠를 가질 가능성은 열려 있다. 두 문제 중 하나는 힐베르트의 1900년 문제 목록에 들어있다. 그 문제는 특정한 방정식들을 컴퓨터로 풀 수 없음을 증명하라는 문제이며 이미 1970년에 해결되었다.

다른 한 문제는 가장 최근에 제기되었다. 그 문제는 컴퓨터가 얼마나 계산 과제들을 효율적으로 해결할 수 있는지와 관련 있다. 컴퓨터 과학자들은 계산 과제들을 두 개의 주요 범위로 분류한다. P형 과제는 컴퓨터를 통해서 효율적으로 해결할 수 있다. E형 과제는 컴퓨터로 완수하려면 100만 년 이상이 걸릴 수도 있다. 안타깝게도 공업이나 상업에서 발생하는 주요 계산 과제들은 대부분 세 번째 문제인 NP형에 속한다. NP형은 P형과 E형의 중간인 것처럼 보인다. 정말 그럴까? NP형 과제가 실은 변형된 P형 과제인 것은 아닐까? 대부분의 전문가들은 NP와 P가 다르다고 믿는다. 즉, NP형 계산 과제는 P형 계산 과제와 다르다고 믿는 것이다. 그러나 30년에 걸친 노력에도 불구하고 NP가 P와 같은지 여부는 증명되지 않았다. 이 문제의 해결은 공업, 상업, 그리고 인터넷을 비롯한 전자통신에 커다란 영향을 끼칠 것이다.

2. 푸앵카레 추측 (Poincaré Conjecture)

거의 한 세기 전 프랑스 수학자 푸앵카레가 처음 제시한 이 문제는 다음과 같은 간단해 보이는 질문에서 시작된다. 사과와 도넛을 어떻게 구별할 수 있을까? 정말이지 이 질문은 100만 달러의 상금과는 거리가 먼 질문으로 보인다. 하지만 이 질문은 우리가 생각하는 것만큼 쉽지 않다. 왜냐하면 푸앵카레가 보다 일반적인 경우들에 적용될 수 있는 수학적 해답을 요구했기 때문이다. 그 요구에는 한 입 먹어보면 알지 않느냐는 자명한 해답들은 제외된다. 푸앵카레 자신이 제시한 해답을 알아보자. 만일 당신이 사과 표면에 고무 밴드를 늘여놓았다면 당신은 그 밴드를 천천히 움직여서 한 점이 되도록 축소시킬 수 있다. 고무 밴드를 자를 필요도 없고, 표면을 떠날 필요도 없다. 반면에 도넛 둘레를 한 바퀴 감도록 고무 밴드를 늘여놓았다고 해보자. 이 경우에는 고무 밴드나 도넛을 자르지 않는 한, 고무 밴드를 한 점으로 축소시킬 방법이 없다. 축소되는 밴드를 이용한 이 구분법을 사과와 도넛의 5차원 변양태에서도 적용할 수 있을까? 푸앵카레가 묻는 질문이 바로 이것이다. 놀랍게도 아직 아무도 이 질문에 답하지 못했다. 푸앵카레 추측에 따르면, 고무 밴드 발상을 이용해서 4차원 사과를 식별할 수 있다.

이 문제는 현대수학에서 가장 흥미로운 분야 중 하나인 위상수학의 핵심에 놓여 있다. 위상수학은 그 자체로 흥미롭고 때로는 기발한 발상으로 수학적 이성인들을 사로잡았다. 예를 들면 위상수학은 도넛과 커피잔이 심층적이고 근본적인 관점에서는 동일하다고 말한다. 위상수학의 발전은 컴퓨터 칩을 비롯한 전자부품의 설계와 생산, 운송, 뇌 연구, 심지어 영화 산업에도 영향을 끼친다.

그 동안 풀리지 않았던 이 문제를 러시아의 젊은 수학자인 그리고리 페렐만이 2002년 이 문제의 단서를 인터넷에 23페이지 논문으로 제공했으나, 모든 교수 제의와 필즈상 수여를 거절하고 종적을 감췄다.

그러나 2006년 스페인 마드리드에서 개최된 제25차 세계 수학자 대회에서는 페렐만에게 필즈상을 수여했으나 불참했다. 한편, 미시간 대학 교수인 클레이너와 로트, 그리고 예일대와 컬럼비아 대학 교수 등이 페렐만이 제공한 아이디어와 단서를 이용해 3년 동안 머리를 맞대고 최근에 1,000여 페이지에 걸친 방대한 논문을 완성했다. 예일대의 부루스 클라이너 교수는 세계 수학계의 위대한 순간이라며 이번 증명을 이해하고 응용하기 위해서는 앞으로 또 다른 100년이 걸릴 것이라고 말했다.

3. 내비어-스톡스 방정식 (Navier-Stokes Equation)

내비어-스톡스 방정식은 배의 몸통 주위를 흐르는 물이나 비행기 날개 우이로 흐르는 공기 같은 유체와 기체의 흐름을 기술한다. 이 방정식들은 수학자들이 말하는 이른바 편미분방정식이다. 과학이나 공학을 전공하는 대학생들은 의례적으로 편미분방정식의 해법을 배운다. 내비어-스톡스 방정식은 외관상 대학 미적분학 교과서에 나오는 편미분방정식 연습 문제와 다르지 않아 보인다. 그러나 외관은 기만일 수 있다. 오늘날까지 그 누구도 내비어-스톡스 방정식 해의 공식을 찾을 단서조차 발견하지 못했다 - 그런 공식의 존재 여부조차 밝혀지지 않았다.

이 실패에 아랑곳하지 않고 해양공학자들은 효율적인 배를 설계하고, 항공공학자들은 우수한 비행기를 설계한다. 내비어-스톡스 방정식을 푸는 2차 방정식 해의 공식과 유사한 일반 공식은 없지만, 컴퓨터를 이용해 특정 형태의 방정식에 대한 근사적인 해를 구하는 것은 가능하기 때문이다. 양-밀스 문제와 마찬가지로 내비어-스톡스 문제 역시 수학이 다른 분야를 따라잡을 것을 요구한다. 이 문제의 경우에는 공학자들이 이미 하고 있는 일을 수학이 따라잡아야 한다. '따라 잡는다'는 표현이 그릇된 인상을 줄지도 모르겠다. 뒤쳐지기 싫어하는 수학자들의 자존심이 관건이라는 인상 말이다. 그런 인상을 가진다면, 과학적 지식이 발전하는 방식을 오해한 것이다. 수학은 본성상 추상적이기 때문에 현상을 수학적으로 이해한다는 것은 일반적으로 가장 깊고 확실하게 이해한다는 것이다. 또한 무엇인가를 더 깊게 이해하면, 그것을 더 잘 이용할 수 있다. 질량 간극 가설의 증명이 물리학에 획기적인 발전을 가져오는 것과 마찬가지로 내비어-스톡스 방정식 풀이는 해양 및 항공공학의 발전을 가져올 것이 분명하다.

4. 리만 가설 (Riemann Hypothesis)

이 문제는 1900년 힐베르트가 제시한 23문제 중 8번째 문제로 미해결로 남아 있는 유일한 문제다. 어떤 특정한 방정식의 가능한 해들과 관련된 이 기묘한 형태의 문제가 수학의 미해결 문제들 중 가장 중요한 문제라는 것에 전 세계 수학자 대부분이 동의한다. 결국 이 문제는 밀레니엄 7문제 중 4번째 문제로 선정되어 그 답을 기다리는 학자들에 의해 아마 오늘도 연구되고 있을 것이다.

이 문제는 1859년 독일 수학자 리만에 의해서 처음 제기되었다. 리만은 다음과 같은 오랜 수학적 질문에 대한 답을 추구하고 있었다. '소수들은 무슨 패턴을 가지고 있을까?' 기원전 350년경 유명한 그리스 수학자 유클리드는 소수가 영원히 계속된다는 것을, 무한히 많은 소수가 존재한다는 것을 증명했다. 더 나아가 실제로 소수를 나열해보면, 수가 커질수록 소수가 점점 '엷어져서' 드물게 나타나는 듯이 보인다. 하지만 소수에 관해서 이 이상의 이야기를 할 수 있을까? 사실상 할 수 있다. 리만 가설이 증명된다면, 소수와 소수 분포에 관한 우리의 지식이 발전할 것이다. 또한 그 증명은 수학자들의 호기심을 만족시키는 것 이상의 귀결을 가져올 것이며 소수들의 패턴을 넘어선 수학적 귀결들을 가질 뿐 아니라 물리학과 현대 통신기술에도 응용될 것이다.

5. 호지 추측 (Hodge Conjecture)

이 문제는 현재 위상수학에 결여된 또 하나의 조각이다. 일반적인 문제는 어떻게 단순한 대상들로부터 복잡한 수학적 대상을 구성할 수 있는지와 관련된다. 아마도 밀레니엄 문제들 중에서 일반인이 이해하기 가장 어려운 문제일 것이다. 기반에 있는 직관이 다른 문제들에 의해 덜 분명하거나, 다른 문제들보다 더 난해하기 때문이 아니다. 오히려 보통사람이 경험하게 될 어려움은 호지 추측이 특정한 종류의 추상적 대상들을 분류하기 위해서 수학자들이 사용하는 기법과 다르기 때문에 발생한다. 호지 추측은 그 분류법의 심층에서 나오며 추상 수준이 높다. 그 추상 수준에 도달하는 유일한 길은 점점 높아지는 추상 수준들을 거쳐 올라가는 길이다.

호지 추측을 향한 길은 20세기 전반에 수학자들이 복잡한 대상들의 모양을 탐구하는 강력한 방법을 발견하면서 열렸다. 그 방법의 기반에 있는 발상은 주어진 대상의 모양을 단순한 기하학적 벽돌들을 짜맞춤으로써 어느 정도까지 근사시킬 수 있는지를 묻는 것이었다. 그 방법은 매우 유용했고 여러 방식으로 일반화되었다. 수학자들은 그 방법들을 발전시켜 강력한 기법들을 만들어냈다. 결국 많은 다양한 종류의 대상들을 나열한 목록에 도달했다. 하지만 불행하게도 기법들이 일반화되는 과정에서 기하학적 근원이 흐려졌다. 수학자들은 기하학적 해석이 전혀 없는 대상들도 목록에 포함시켜야 했다.

호지 추측은 중요한 대상들의 집합(projective algebraic varieties)에 대해서는, 호지 회로라고 불리는 대상들이 기하학적 성분들(대수 회로)의 조합이라고 주장한다.

6. 버츠와 스위너톤-다이어 추측 (Birch and Swinnerton-Dyer Conjecture)

이 문제에서 우리는 다시 리만 가설에서와 마찬가지로 가장 전형적인 수학 영역으로 돌아오게 된다. 고대 그리스시대 이래 수학자들은 다음과 같은 유형의 대수 방정식의 모든 정수해를 기술하는 문제를 놓고 씨름해 왔다.

$$x^2+y^2=z^2$$

이 특정한 방정식에 대해서는 유클리드가 완벽한 해답을 제시했다. 즉 모든 해들을 산출하는 공식을 제시했다. 1994년 와일즈는 2보다 큰 임의의 지수 n에 대해서 방정식

$$x^n+y^n=z^n$$

이 0이 아닌 정수해를 가지지 않음을 증명했다. 이 결론이 330년 동안 수학자들의 골을 아프게 한 페르마의 마지막 정리다. 그러나 더 복잡한 방정식에 대해서는 정수해가 있는지 혹은 어떤 정수해가 있는지를 밝혀내기가 매우 어렵다. 버치와 스위너톤-다이어 추측은 그 난해한 방정식들 중 한 유형에 대해서 가능한 해들에 관한 정보를 제시한다.

이 문제는 리만 가설과 관련 있으며, 이 문제가 해결된다면 소수에 대한 우리의 전반적인 이해에 도움이 될 것이다. 이 문제의 해결이 리만 가설 증명처럼 수학 이외의 영역에도 영향을 미칠지 여부는 불분명하다. 버치와 스위너톤-다이어 추측 증명은 수학자에게만 국한된 관심사로 판명될지도 모른다.

그러나 이 문제를 비롯한 많은 수학 문제가 '실용성이 없다'고 판정하는 것은 어리석은 일이다. 물론 '순수수학'의 추상적 문제들을 연구하는 수학자들은 대개 어떤 실용적인 귀결에서 동기를 얻기보다는 지적 호기심에서 동기를 얻는다. 그러나 '순수수학에서의 발견이 중요한 실용적 귀결을 갖는다'는 사실은 역사 속에서 누차 입증되었다.

뿐만 아니라, 한 문제를 풀기 위해서 수학자들이 개발한 기법들이 전혀 다른 문제들에 응용될 수 있다는 사실이 종종 입증되었다. 와일즈 가 페르마의 마지막 정리를 증명한 것이 전형적인 사례다. 이와 유사하게 버치와

스위너톤-다이어 추측의 증명 역시 다른 용도가 발견될 새로운 발상들을 포함할 것이 거의 확실하다.

7. 양-밀스 이론과 질량 간극 가설 (Yang-Mills and Mass Gap)

수학의 새로운 발전을 위한 계기는 상당 부분 과학, 특히 물리학으로부터 주어진다. 예를 들면 수학자 뉴턴과 라이프니츠가 17세기에 미적분학을 발명한 동기는 물리학을 위해서였다. 미적분학은 연속 운동을 수학적으로 엄밀하게 기술하는 방법을 제공함으로써 과학에 혁명을 일으켰다. 뉴턴과 라이프니츠의 방법은 유효했다. 그러나 미적분학의 기반을 이루는 수학이 제대로 완성되기까지는 약 250년이 더 필요했다. 지난 반세기 정도에 걸쳐서 개발된 물리학 이론과 관련해서 유사한 상황이 벌어지고 있다. 이 일곱 번째 밀레니엄 문제는 수학자들에게 물리학을 따라잡을 것을 요구한다.

양-밀스 방정식은 양자물리학에서 나왔다. 이 방정식은 지금으로부터 거의 50년 전에 물리학자 양전닝과 로버트 밀스가 중력을 제외한 자연의 힘들을 기술하기 위해서 정식화했으며, 훌륭한 성과를 거두었다. 방정식으로부터 도출된 예측들은 전 세계 실험실에서 관찰된 입자들을 설명한다. 그러나 실용적이고 효율적임에도 불구하고 양-밀스 이론은 아직 수학적으로 완성되지 않았다. 일곱 번째 밀레니엄 문제가 요구하는 것 중 하나는 그 이론을 공리로부터 출발해서 수학적으로 전개하라는 것이다. 요구되는 수학적 이론은 실험실에서 관찰된 여러 조건에 부합해야 한다. 특히 그 이론은 양-밀스 방정식들의 해라고 상정된 것들과 관련된 '질량 간극 가설'을 수학적으로 입증해야 한다. 대부분의 물리학자들은 이 가설을 받아들여 전자가 질량을 가지는 이유를 설명한다. 질량 간극 가설을 증명할 수 있는지 여부는 양-밀스 이론을 올바르게 수학적으로 전개했는지 여부를 판가름할 수 있는 좋은 시험 기준이라고 여겨진다. 그들 역시 전자가 왜 질량을 가지는

지 엄밀하게 설명하지 못하고 있다. 다만 그렇다는 것을 관찰했을 뿐이다.

6.12 힐베르트

20세기의 수학자 중에서 가장 위대한 수학자는 과연 누구일까? 이에 대한 대답은 힐베르트라고 말하고 싶다. 특히 1899년에 지은 그의 저서 ≪기하학의 기초≫에서 제시한 공리계에 의한 기하학 이론 구성 문제는 수학의 새로운 시대를 열어준 획기적인 것이었다. 그는 파리에서 열린 수학자대회에서 수학의 전망에 관한 강연을 통해 수학의 공리주의 방향을 제시했다. 그는 1900년 파리에서 열린 세계 수학자대회에 참석해 20세기를 겨냥하여 23개의 유명한 문제를 만들었으며 그중에는 아직도 미해결된 문제로 남아 있는 것이 있다.

힐베르트는 그리스 수학이래 모든 수학자들이 꿈꾸어 오던 것처럼 유한개의 공리만으로도 수학을 완성시킬 수 있다고 믿던 사람 중에 하나였다. 수학적인 모든 명제들을 몇 개의 공리만을 바탕으로 증명할 수 있다고 생각한 것이다. 이러한 입장에 서 있는 수학자들을 유한주의자라고 말한다. 모든 서구의 지성사는 유클리드의 기하학 원론을 충실히 지켜온 셈이다. 1800년대 말에 힐베르트는 집합론의 패러독스가 만든 수학의 위기를 극복하기 위한 작업의 하나로 먼저 수학체계에는 모순이 이러나지 않는다는 것을 밝히려고 시도했다. 그러기 위해 논리체계를 비롯하여 자연수 체계, 집합론, 실수론 등 공리계에 대해서 재검토해보고 무모순적인 공리계를 확립하여 이들의 완전성을 확실히 보장받도록 제창했다. 이것이 이른바 힐베르트의 프로그램이다. 여기서 말하는 완전성이란 어떤 공리를 바탕으로 이루어지는 수학체계의 명제는 참, 거짓 중 하나가 반드시 증명 가능해야 한다는 것을 말한다. 그 첫 시도로서 고전적인 명제논리뿐만 아니라 술어논리의 체계가 무모순이자 완전하다는 사실이 밝혀졌다.

힐베르트의 야심찬 이 계획은 그의 추종자들에 의해 추진되어 가고 있었다. 이들 중 오스트리아 출신의 젊은 수학자인 괴델이 있다. 그는 우선 힐베르트의 프로그램이 실현가능한지 여부를 알기 위해 수학의 완전성을 증명하려고 시도했다. 모든 수학자들은 어떤 문제의 해답을 찾기 앞서 그러한 해답이 과연 존재하는가를 먼저 확인해 보려고 한다. 그 좋은 예로 가우스의 대수방정식에 대한 해의 존재 증명을 들 수 있다. 이것은 마치 보물섬을 찾아나서는 모험가가 먼저 보물섬의 존재 여부를 확인하는 것과 같다. 그러나 그 결과는 수학의 완성을 기다리는 사람들에게 찬물을 끼얹고 말았다. 그는 수학자들이 기대했던 결과와는 반대로 수학의 완전성이 아니라 불완전성을 증명해 버린 것이다. 보물섬은 어디에도 존재하지 않는다는 사실을 엄밀하고 꼼꼼하게 증명해 버린 것이다. 잔뜩 기대에 부풀었던 힐베르트와 그의 추종자들은 실망하고 말았다. 역시 인간의 한계는 불완전하다는 사실이고 불완전한 사람들에 의해서 만들어진 진리도 불완전한 것일 뿐이다. 그 후 볼츠만, 하이젠베르그, 아인슈타인, 괴델 등 수학 천재들의 손에 의해 수학의 한계가 잇달아 들춰지기 시작했던 것이다. 이것은 마치 수학과 과학이라는 종교의 대사제들이 그들의 신을 스스로 부정한 것과 같다. 어쩌면 이 모든 것이 하늘 높은 줄 모르고 치솟던 인간의 오만에 대한 경고를 내린 셈인지도 모른다. 더구나 카오스는 극미한 원자의 세계나 저 멀리 있는 우주의 일이 아니고 바로 우리 주변에서 흔히 볼 수 있는 현상이라는 점이 충격적이었다.

6.13 현대수학의 흐름에 관하여 (힐베르트부터 현대까지)

20세기 현대수학은 독일의 수학자 힐베르트 연구에서 모두 그 출발점을 이루고 있다. 따라서 20세기의 수학 연구는 힐베르트를 빼놓고 이야기할 수 없다.

힐베르트의 중요한 연구 업적을 살펴보면 다음과 같다.

1884~1892, 불변식론 연구

1892~1898, 대수적 수체 이론 연구

1898~1899, 기하학 기초론의 연구

1900년 8월 8일 파리에서 개최된 제2회 국제 수학자회의에서 '수학의 미래 문제에 대하여'라는 강연을 통해 23개의 기본 문제를 제시함으로써 수학 연구의 목표를 설정했다.

1902~1910, 적분방정식론의 연구

1910~1922, 물리수학의 연구

1922~1943, 수학 기초론의 연구

힐베르트가 있었던 괴팅겐 대학은 가우스나 리만 이후의 수학과 이론물리학이 협력하여 연구되어 온 전통 있는 대학이고 1905년에 아인슈타인이 특수 상대성 이론과 광양자설 및 브라운 운동이라는 현대물리학의 개시를 발표했을 때도 가장 빠르게 반응을 보인 곳이다.

그 당시 이 대학에 와 있던 힐베르트의 친구인 민코우스키는 특수 상대성 이론을 4차원 리만 공간의 기하학으로 고치는 데 성공했다. 이러한 4차원 공간은 현재 민코우스키 공간이라고 불리어지고 있다. 힐베르트의 스펙트럼 이론과 더불어 20세기 해석학의 또 하나의 흐름은 파리학파에 의해서도 준비되고 있었다. 총서가 출판되기 시작한 것은 전 세기 말이고 그 흐름 속에 르베크의 적분론이 탄생되었다. 이는 힐베르트 공간의 실체적 구축을 유도하고 함수공간론으로 전개되었다.

1899년에 힐베르트가 발간한 '기하학의 기초론'은 유클리드 공리계의 미비한 부분을 보완해서 완전한 기하학 체계를 이룩하는 데 있었던 것이 아니다. 유클리드의 시대는 물론, 그 후에도 기하학은 오직 하나 '유클리드 기하학'이 있을 뿐이었다. 공간이 하나만 있듯이 그것을 설명하는 기하학도 하나라는 것은 너무나 당연한 상식이었다. 19세기에 이르러 또 하나의 기하학인 비유클리드 기하학이 발견되었으며, 힐베르트의 시대에 이미 이 수학은 당당히 기하학의 행세를 하고 있었다.

그러니까 힐베르트가 하고 있던 것은 단수가 아니라 복수의 기하학이었다. '기하학의 기초론'의 의미는 유클리드 기하학을 단지 이론적으로 다듬은 데 있는 것이 아니라, 기하학이 무수히 많을 수 있음을 보여준 데 있다. 그는 공리를 새로이 정함으로써 이 무수히 많은 기하학의 하나로 유클리드 기하학을 만들어 보인 것이다. 기초론에서 새로이 만들어진 기하학 중에는 이전 같으면 도저히 기하학이라고 부를 수 없었던 것들이 있다. 유한개의 점만으로 된 유한 기하학도 그 하나의 예이다.

이 새로운 이론이 수학계에 미친 충격이 얼마나 컸는지는 짐작하고도 남는다. 이미 말했듯이 근대수학의 주된 경향은 자연을 충실히 따르는 일이었지만 기하학 기초론은 그러한 낡은 시각을 철저히 부정한 데서부터 시작되었다. 그때까지 기하학이라면 객관적인 외부 세계에 기초를 둔 것이었는데, 이제는 외부와 상관없는 엉뚱한 것까지도 기하학이라고 불러야 했다. 그 때문에 수학자들은 엄청난 충격을 받았던 것이다.

힐베르트가 의도한 것은 자연 속에서 수학을 찾는 일이 아니라 사고 세계에서 인위적으로 수학을 구성하는 일이었다. 그러므로 자연 속에 원형이 있어야 할 필요는 물론 없다. 힐베르트의 이 구성적 방법을 공리주의, 더 정확히 표현한다면 유클리드의 공리주의와 구별하기 위해서 신공리주의라고 부른다. 공리는 유클리드에서는 다른 명제를 연역적으로 이끄는 기본 명제였다. 그러나 이제 힐베르트에 의해 완전히 새로운 뜻으로 탈바꿈했다. 힐베르트는 공리를 단지 가설로 간주해 공리주의 수학을 정립했다.

힐베르트(David Hilbert, 1862~1943)는 조용하고 촌티 나는 동프로이센 사람이었다. 괴팅겐의 눈부신 수학 전통을 대표하는 인물인 그는 자신의 강점을 아주 잘 알고 있었음에도 항상 겸손하게 행동했다. 힐베르트는 수학의 모든 영역에서 가장 어려운 문제와 가장 포괄적인 주제를 선택했지만, 언제나 큰 성공을 거두었을 뿐 아니라 미래의 수학 문제들을 명확히 제시했다. 따라서 전 세계가 그의 말에 탐욕스러울 정도로 주의 깊게 귀를 기울인 것은 어쩌면 당연한 일이었다. 하지만 그는 인생의 말년에 자신이 쌓아온 찬란한 승리가 무너지는 것을 경험했다. 히틀러의 국가사회주의로 인해 평생 동안 각별하게 지낸 동료들이 죽은 이후, 모든 수학적인 문제는 완전히 해결 가능할 것이라는 그의 희망은 반박되었고 평생 힐베르트의 정신이 구현되었던 괴팅겐을 폐허로 만들었다. 힐베르트가 사망한 1943년, 괴팅겐에는 더 이상 수학자가 없었다. 그리고 2년 후 그의 부인 힐데가 그 뒤를 따랐을 때, 힐베르트의 고향 쾨니히스베르크는 잿더미로 변해 있었다.

1862년 1월 3일, 힐베르트는 프로이센의 쾨니히스베르크에서 교양 시민계급의 아들로 태어났다. 19세기에 쾨니히스베르크에서 태어난 모든 사람은 힐베르트처럼 임마누엘 칸트의 말과 글을 읽으면서 학창시절을 보냈다. 힐베르트에게 칸트의 말과 문장은 깊은 인상을 남겼다. 그는 칸트의 충고를 진지하게 받아들였고, 순수 이성을 비판한 칸트의 말에 따라 자신의 이성을 스스로 사용하기로 결심했다. 힐베르트는 대학 시험을 치렀고, 학업(수학)을 끝낼 무렵 감히 이 유명한 철학자에 대해 한 가지 반론을 제기했다. 당시 그는 스물두 살이었고, 칸트가 그랬던 것처럼 그때까지 고향을 떠나지 않고 있었다.

1884년 힐베르트가 칸트에 대해 제기한 반론은 19세기 전반의 수학자들이 거두었던 크나큰 성공을 이용한 것이었다. 그것은 바로 유클리드 기하학과는 전혀 다른 기하학이 있을 수 있다는 이론의 약진이었다. 칸트는 유클리드가 공간을 기술한 방법은 논리상 필연적으로(선험적, a priori) 주어져 있고, 결코 경험에 의해(체험적, a posteriori) 영향을 받을 수 없다고 주장했다. 그리고 힐베르트는 비유클리드 기하학의 도움으로 수학에 대한 칸트의 철학적인 가정을 반박했다.

힐베르트가 없었다면 수학은 오늘날처럼 발전할 수 없었을 것이다. 어쨌든 칸트는 기하학적 판단은 물론 산술적인 판단이 경험에서 파생될 수 없고, 유클리드 공간처럼 우리와 함께 우리 안에서 선험적으로 나타난다는 의견을 대변했다. 힐베르트는 박사 과정 시험을 통해 이 부분에 대한 보다 정확한 반론을 제기했다. 즉 그것은 체험적일 수 있다는 것이다. 여기서는 우선 그의 의견이 옳았다는 것과 당시 쾨니히스베르크에서 누구도 그의 이론에 반론을 제기하지 않았다는 것만을 확인해 둔다.

힐베르트는 칸트의 그늘에서 벗어났다. 그러나 그의 본질적인 관심은 수학에 긍정적인 기여를 함으로써 자신의 이름을 수학 연감에 남기는 것이었다. 그의 재능은 대학에 입학하기 전까지 특별히 눈에 띄지 않았다. 힐베르트는 후일 "수학을 나중에 공부하려고 했기 때문에 대학에 들어가기 전까지 별 관심을 두지 않았다."라고 말했다. 대학에서 공부하는 동안 그는 두 살 어린 헤르만 민코프스키, 그리고 서른이 채 안 된 나이에 교수로 임명된 아돌프 후르비츠와 친밀한 우정을 나누었다. 그 후 이 세 사람은 함께 수학적 지식의 모든 사각지대를 샅샅이 뒤졌다.

힐베르트는 불변식의 왕이라 불린 고르단을 탐구하면서 전문가들 사이에 고르단의 문제로 알려진 문제에 주목했다. 에미 뇌터를 다룰 때 이미 말했듯이 불변식은 당시 수학의 주요 주제였다. 불변식이란 사상이나 연산(혹은 변위)을 통해 변화하지 않는 것을 말한다. 그 당시에 불변식의 내부 구조는 이미 알려져 있었다. 계수와 차수가 주어지면 적어도 이론적으로는 서로 다른 불변식을 모두 써내려갈 수 있고 전체 개수를 셀 수 있다는 것을 알고 있었다. 여기서 고르단의 문제가 제기된다. 즉 그것은 '임의의 불변식을 유한개의 불변식들을 가지고 이들의 유리 함수나 정함수로 표시할 수 있는 유한기저가 존재하는가'의 문제였다.

힐베르트는 고르단의 문제로 많은 성과를 낼 수 있다고 판단했다. 힐베르트에게 이 문제는 단순하고 명확하게 표현할 수 있고 한편으로는 어렵지만 접근이 가능하다는 매력을 지니고 있었다. 그는 이 문제의 해답이 숨겨진 진리로 가는 길을 열어줄 수 있다는 의미에서 중요하다고 생각했다. 그래서 그는 쾨니히스베르크의 젊은 수학강사로 일하면서 고르단의 문제를 상세하게 연구했고, 1888년 11월 마침내 한 가지 해답을 제시할 수 있었다. 그 해답은 수학세계를 혼란스럽게 만들었고, 고르단은 이것은 수학이 아니라 신학이다!라고 외칠 정도였다.

수학자들이 기대했던 것은 그들이 찾고 있는 유한기저의 구조 및 방식이었다. 하지만 힐베르트가 그들에게 보여준 것은 유한기저가 존재한다는 증명이었다. 즉 그들이 찾고 있는 유한기저가 틀림없이 존재한다는 주장이었다. 힐베르트는 유한기저를 상세하게 구성하지 않은 채 유한기저가 존재한다는 증명 이외에는 어떤 것도 보여주지 않았다. 후일 힐베르트는 자신의 강의에서 이런 방식의 수학적 증명, 실체를 정확하게 논증하지 않은 채 무엇인가의 존재만을 주장하는 단순한 예를 들었다.

많은 사람들이 앉아 있는 강당 안에 머리카락 수가 가장 적은 한 사람이 있다. 이때 내가 그 사람을 개인적으로 모르고, 그에 대해 뭐라 자세하게 말할 수 없다고 할지라도 머리카락 수가 가장 적은 사람은 반드시 존재한다.

힐베르트는 고르단이 찾았던 유한기저가 존재하지 않는다고 가정하여 모순이라는 것을 밝힘으로써 그 존재를 증명했다. 결국 유한기저는 필연적으로 존재하는 것이다. 이런 독창적인 방법으로 힐베르트는 고르단의 문제를 알렉산더 대왕이 고르디우스의 매듭을 단칼에 끊어버린 것처럼 해결했다. 불과 스물여섯 살에 불과했던 수학 강사는 졸지에 유명해졌다. 그는 수학 분야에서 탄탄한 경력을 쌓을 수 있었을 뿐 아니라 결혼을 해 아버지가 됨으로써 안정된 생활 역시 영위했다.

1895년 힐베르트는 괴팅겐 대학으로 초빙되었다. 가우스가 괴팅겐 대학에서 연구를 시작한 지 100년 만인 그해 3월, 괴팅겐에 도착했다. 그리고 괴팅겐은 그의 인생에서 쾨니히스베르크 다음으로 소중한 삶의 터전이자 인생의 종착점이 되었다.

힐베르트는 쾨니히스베르크에서 강의한 8년 동안 한번 다룬 주제는 두 번 다시 다루지 않았다. 그는 강의만 다양하게 한 것이 아니라 연구도 마찬가지였다. 학생들은 젊은 선생 힐베르트가 수업 준비가 잘된 날은 자연스럽고, 논리적으로 강의를 진행했지만 준비가 부족한 날은 두려워하고 있음을 금방 알 수 있었다. 어떤 날은 강의를 중단하고 학생들을 집으로 돌려보내는 일도 있었다.

힐베르트는 가우스처럼 수학의 가장 아름다운 영역이라고 느낀 대수이론에 집착했다. 그리고 1897년 수학 분야에서 이후의 연구들을 결정해 버린 정수론 연구(Zahlbericht)를 발표했다.

한편 힐베르트는 대학시절 한 교수가 기하학적 대상에서 명칭이란 중요하지 않으며 점, 선, 평면 대신 책상, 의자 혹은 맥주잔으로 바꾸어 불러도 별로 상관없다고 말한 것에 대해 계속해서 깊이 생각해왔다. 그리고 그는 1898년과 1899년 겨울학기에 기하학의 기초를 강의하면서 그때의 시간으로 거슬러 올라가 당시 사람들을 놀라게 할 만한 책 《기하학의 기초 *Grundlagen der*

Geometrie》를 출판한다. 힐베르트는 이 책에서 점, 직선, 평면을 정의하는 것을 분명히 포기했다. 점, 직선, 평면은 그들 사이의 상호 관계를 결정하는 규칙이 그들에게 적용될 때에만 그 적용 방식대로 존재한다는 것이다. 예를 들어 힐베르트는 "직선에는 적어도 두 개의 점이 있다." 라는 식으로 규칙들을 조심스럽게 확정했다. 원의 규칙은 다음과 같이 정의했다.

"M이 평면에서 임의의 점이라면, 선분 MA가 서로 일치하는 모든 점 A의 총체는 원"이라고 불린다.

힐베르트는 유클리드와 완전히 다른 방식으로 연구했지만, 그와 동일한 인식에 도달했다. 2000년 전의 그리스 기하학자 유클리드는 선, 직선, 평면 등을 정확하게 정의했다. 그러나 그는 '같다 혹은 교차한다.'라는 표현들이 무엇을 의미하는지 정의하지 않았다. 힐베르트는 '같다'라는 단어 대신 서로 '일치한다'라는 말을 사용한다. 대신 괴팅겐의 기하학자 힐베르트는 대상들 사이의 관계를 중시했다. 또 그는 '한 점이 한 선 위에 있다.' 는 말과 '두 평면 사이에 있다.' 는 말의 의미를 보다 명확하게 표현했다. 예를 들어 '한 중심점과 같은 거리에 있는 점의 집합체인 원으로부터 임의로 존재할 수 있는 것은 구 모양이다.'와 같이 표현했다.

1900년 가을, 파리 국제 수학대회에서 '수학적인 문제'라는 개막 강연을 한 힐베르트는 참가자들을 향해 몇 가지 질문을 제기했다.

"향후 다가올 새로운 세기에 잠재되어 있는 발전의 비밀과 과학이 직면한 진보를 들여다보기 위해 우리 중 누군가가 감춰진 미래의 베일을 벗겨야 하지 않을까요? 미래를 이끌 수학자들은 어떤 특별한 목표를 추구할까요? 새로운 세기에는 수하적인 사상의 넓고 풍요로운 평야에서 이떤 새로운 방법과 사실을 발견하게 될까요?"

이것은 오늘날까지 수학계에서 가장 유명한 연설이다. 힐베르트의 말은 "모든 수학적인 문제들은 풀 수 있다."라는 확신에 근거하여 그 의미와 생명력을 얻었다. 여기에 연구의 자극제가 숨어 있다.

"우리는 '저기에 문제가 있다. 해답을 찾아라!'라는 외침을 우리 안에서 끊임없이 듣고 있습니다. 여러분들은 그 해답을 순수한 사고를 통해 발견할 수 있습니다. 왜냐하면 수학에는 이그노라비무스가 없기 때문입니다."

힐베르트는 천천히, 그러나 독일어로 말했다. 그의 말을 파리의 청중들 중 얼마나 많은 사람들이 이해했는지는 모를 일이다. 그러나 그들은 라틴어 이그노라비무스(Ignorabimus : 무지, 알 수 없는 것)가 무엇과 관련이 있는지는 명확하게 이해할 수 있었다. 그것은 19세기에 과학적인 이해의 한계를 강조한 심리학자 에밀 뒤부와 레이몽의 강연과 관련이 있었다. 그들은 (Ignoramus et ignorabismus.), "우리는 알지 못하고, 그리고 우리는 알 수 없을 것이다." 라고 말했다.

힐베르트는 그런 입장을 반대했으며 20세기의 과학자들은 다른 관점을 가져야 한다고 설파했다. 그래서 1930년 쾨니히스베르크의 강연에서 "우리는 알아야만 하며, 알게 될 것이다." 라고 말했고, 이 문구는 그의 묘비에 새겨져 있다.

1900년 여름 파리에서 힐베르트는 수학적 문제들로 구성된 23개의 목록을 제시했다. 그는 자신이 제시한 수학적 문제들에 관한 해답을 구하는 것이 수학이라는 학문에서 최고의 진보라고 생각했다. 힐베르트는 이 문제들을 선별할 때, 앞에서 고르단의 매듭과 관련해 언급된 판단 기준을 적용했다. 또한 일반 대중을 고려하여 한 가지를 더 부가했다.

프랑스의 한 나이 든 수학자는 말했다. "당신이 거리에서 만난 첫 번째 사람에게 완벽히 수학 이론을 설명할 수 없다면, 완전한 이론이라 할 수 없다. 수학 이론을 위한 이런 철저함, 명확성과 이해하기 쉬운 속성을 나는 수학 문제를 통해 훨씬 많이 요구하고 싶다. 왜냐하면 명확하고 쉽게 이해할 수 있는 것은 우리를 매혹시키고, 복잡한 것은 우리를 겁먹게 하기 때문이다."

힐베르트는 미래 수학의 첫 번째 과제로 칸토어의 연속체 농도에 관한 문제를 언급했다. 이 과제가 대부분의 독자에게 탄성을 이끌어 내지는 못한다 하더라도 힐베르트가 놀라운 주제를 선택하기 위해 노력했다는 확신만은 갖게 한다. 비록 노력이 그의 희망과는 다른 결과를 빚었을지라도 말이다.

여기에서 논쟁이 되고 있는 칸토어는 1915년 일흔 번째 생일 때, 자신이 만든 천국에 대한 동료들의 뜨거운 찬사를 받았다. 천국이란 그의 집합론, 즉 수학적인 대상과의 관계를 집합의 형식으로 풀어 놓은 것을 말한다. 이때 한 집합의 원소들의 수는 농도라고 명명된다. 칸토어는 여러 집합의 농도를 비교하고자 했고 이때 진기한 문제에 직면했다.

그가 자연수를 집합으로 파악했을 때, 그 농도는 무한히 컸다. 그렇지만 자연수와는 다른 수도 분명히 존재한다. 예를 들어 정수, 유리수, 소수가 그것들이다. 이렇게 모든 실수를 묶어놓으면 그 농도가 자연수처럼 무한한 집합을 얻는다. 이런 무한성의 형식을 구별하기 위해서 칸토어는 자연수의 농도에 셀 수 있게 무한하다는 의미로 가부번적이라는 이름을 붙였고 실수의 농도에는 셀 수 없이 무한한, 비가부번적이라는 이름을 붙여주었다. 그리고 언어 표현상 서로 다른 이 두 가지 무한성이 수학적으로도 구별될 수 있음을 칸토어는 우아하게(유명한 대각선 논법을 통해) 논증했다.

분명한 점은 셀 수 없이 무한하나는 개념은 실재할 뿐 아니라 셀 수 있게 무한하다는 것보다 훨씬 쉽고 타당하게 증명될 수 있다는 사실이다. 이와 같은 상식으로 분명한 생각은 아름다웠지만, 거기에서 그치지 않고 또 다른 새로운 질문을 이끌어냈다. 즉 셀 수 있는 무한과 연속적인 무한 외에 다른 농도가 있는가?라는 문제다. 물론 칸토어는 그런 질문까지 파고들지는 않았다. 그리고 1900년 힐베르트가 23개의 목록 첫 머리에서 이 문제를 제기했을 때에도 해답은 나오지 않았다.

미국의 수학자 폴 J. 코언이 힐베르트의 첫 번째 문제를 푼 것은 1960년대에 들어선 때였다. 하지만 이때 '풀었다'라는 단어는 적절하지 않다. 힐베르트는 무한성의 세 번째 형식, 혹은 그 이상의 형식이 있는지 알고자 했다. 하지만 코언은 무언가 다른 것을 제시했다. 그는 '이 문제는 결정될 수 없다.'라는 기이한 결론을 보여주었다.

이런 단순한 명제 이면에는 결정 가능성이란 표제어를 수반하는 수학의 특별한 진보가 숨어 있다. 여기서 쿠르드 괴델을 언급해야만 한다. 1931년, 당시 25세의 오스트리아 빈 태생 논리학자 괴델은 수학에서 모든 것이 증명될 수 없고, 숫자와 도형의 제국에서도 모든 것을 알 수는 없다는 것을 증명했다. 괴델은 형식적으로 결정될 수 없는 명제의 존재를 증명했다. 좀 더 정확하게 말하자면, 모순 없이 구성된 공리(증명되지 않는 근본적인 진리)로 세워진 사고의 건물(형식화된 체계)은 불완전하게 남아 있을 수밖에 없다는 것을 의미한다. 혹은 가능한 한 단순하게 말하자면, 이런 체계 안에서 증명될 수 없는 정리들은 모든 수학의 범주에서 정확하게 표현될 수 없다는 것이다. 결국 힐베르트의 첫 번째 문제는 결정불가능하다. 수학에서 '이그노라비무스는 없다.'는 그의 희망은 이루어질 수 없는 것이다.

괴델은 힐베르트의 도전에 아주 구체적으로 반응했다. 힐베르트는 1928년 아마도 너무 큰 자기 확신을 바탕으로 '젊은 수학 세대를 위한 과제'로 네 가지 문제를 제시했다.

그 과제에서 중요한 점은 수학적 이론의 기본원칙(공리)인 무모순성과 추론가능성이었다. 1930년 괴델은 모든 문제를 풀었다. 물론 문제의 해법을 발견했다는 의미는 아니다. 오히려 그는 힐베르트의 문제를 와해시켰다. 이 문제와 관련해 괴델의 동창인 시인 로베르트 무질은 다음과 같이 주석을 달았다.

"속을 파헤치던 수학자들은 정리될 수 없는 무엇이 있다는 것을 갑자기 찾아냈다. 실제 그들은 맨 아래를 보았고 전체 건물이 공중에 떠 있음을 발견했다."

사람들은 괴델의 부정적인 결과에서 긍정적인 면 역시 발견했다. 첫째, 형식적 틀에 머물러 있는 증명 가능한 이념과 형식적 틀을 넘어선 진실의 이념 사이에 차이가 제시된 것 같다. 마치 그것은 기계의 지성과 인간 뇌가 지닌 속성의 차이를 파악한 것처럼 보인다.

둘째, 모든 것이 엄밀하게 추론될 수 없다면 과학자들은 일종의 자유를 다시 얻을 수 있는 것이다. 예를 들어 형식적인 결정 불가능성으로 인해 선택의 자유가 주어졌다는 것이 분명해졌다. 사람들은 실제 세 개, 네 개 혹은 끝없이 많은 무한성이 존재하는지 선택할 수 있고, 이렇게 자유로운 결정에 따라 그에 적합한 수학을 추진할 수 있다.

그럼에도 너무 많은 결정 불가능성으로 인해 힐베르트의 기분을 망치고 말았다. 특히 네덜란드인 브로우베르가 완전히 새로운 수식화를 수학에 도입함으로써 그는 몹시 화가 나버렸다.

예전부터 브로우베르는 수학에서 논리학이 우위에 있는 것을 아주 싫어했다. 이런 사고의 형식이 진리를 발견하기에 적절한 도구라고 생각하지 않았기 때문이다. 그래서 그는 자신이 애매하게 직관주의(intuitionimus)라고 불렀던 독립적인 방식을 발전시켰다.

힐베르트는 수학은 인간의 정신에 의해 세워진 구조물이고, 그 구조물의 대상은 오로지 우리의 육체 안에만 존재한다는 것을 기본적으로 가정했다. 그래서 그는 수학이란 학문을 해석하는 것을 참을 수가 없었다. 힐베르트는 숫자와 도형이 자연에도 숨어 있음을 보았다. 그는 자신이 제시한 수학의 새로운 원칙이 다른 학문을 개혁할 수 있을 것이라는 확신을 가졌다.

그는 '우리는 수학을 새롭게 했다. 이제 물리학을 새롭게 할 것이다. 그 다음은 화학이 될 것이다.'라고 주장했다.

실제 힐베르트는 1900년 이후 수십 년 동안 그 당시 혁명적으로 진보한 물리학에 강한 관심을 보이기 시작했으며, 리하르트 쿠란트와 함께 《수학적 물리학의 방법 *Methoden der mathematischen Physik*》이란 방대한 교과서를 출판하는 구체적인 성과도 보였다. 오늘날 이론 물리학 교과서에 나오는 힐베르트 공간은 바로 그 책에서 소개된 것이다. 수학적 물리학의 방법에는 원자 현실을 수학적 형식으로 파악하기 위해 필요한 함수들이 정의되어 있다. 괴팅겐이 20년 후에 생겨난 새로운 원자물리학 양자론의 중심지가 될 수 있었던 것은 그곳에 힐베르트가 있었기 때문이다.

1930년대 초 괴델의 이론으로 힐베르트의 수학적 계획이 무너져갈 당시 그의 세계 자체도 붕괴되어갔다. 권력을 잡은 나치는 유대인 과학자들을 추방했다. 당대 최고의 물리학자와 수학자들은 밤새 대학에서 쫓겨났고 독일에서 추방당했다. 에미 뇌터와 리하르트 쿠란트도 마찬가지였다. 힐베르트에게 어떤 종교를 믿느냐는건 전혀 중요하지 않았다. 그는 누가 중요한 수학적 문제에 해답을 줄 수 있는가만 물었다. 고령의 힐베르트가 나치의 교육장관 옆에 앉았을 때, 교육장관은 그에게 괴팅겐의 수학이 끔찍한 유태인의 영향에서 벗어난 후 잘 되어가고 있는지 물었다. 힐베르트는 이렇게 대답했다.

"괴팅겐의 수학 말씀입니까? 그런 건 더 이상 없습니다."

1943년 2월 14일, 81세의 나이로 괴팅겐에서 숨을 거두었다. 갈로아는 21살에 사망했고, 아벨은 27살에, 라마누잔은 33살에, 리만은 40살에 사망했다. 반면에 힐베르트의 위대한 미분기하학 연구 보고서는 그가 50살 때 출판되었다(본질적인 아이디어는 10년 전에 지니고 있었다). 그러나 나이가 50이 지난 뒤, 수학을 시작해서 중요한 발전을 이룬 사람이 있다는 예를 힐베르트를 제외하고는 들은 바가 없다.

참고문헌

- 이만근, 오은영 저, 《흥미있는 수학이야기》, 수학사랑, 2004
- 존 콘웨이, 리처드 가이 저, 이진주, 황용석 역, 《수의 바이블》, 한승, 2003
- 모턴 데이비스 저, 강운재 역, 《돈 버는 수학》, 한승, 2002
- 클리퍼드 픽오버 저, 이상원 역, 《신의 베틀》, 경문사, 2002
- 송은영 저, 《재미있는 수학상식》, 도서출판 맑은창, 2002
- 일본수학교육협의회 저, 전재복, 김부윤 역, 《수학공부 이렇게 하는거야》, 경문사, 2001
- 미야구치 유우지 저, 김상윤 역, 《수학을 다시 시작하는 책》, 자음과 모음, 2001
- 테오니 파파스 저, 강정홍, 황규범 역, 《수학의 즐거움》, 교우사, 2000
- 아르망 에르스코비치 저, 문선영 역, 《수학 먹는 달팽이》, 까치, 2000
- 김용운, 김용국 저, 《프렉털과 카오스의 세계》, 우성, 2000
- 케이시 콜 저, 박영훈 역, 《아름다운, 너무나 아름다운 수학》, 경문사, 2000
- 박영훈 저, 《아무도 풀지 못한 문제》, 지호, 2000
- 스티븐크란츠 저, 좌준수, 임중삼 역, 《문제해결의 수학적 전략》, 경문사, 2000
- 테오니 파파스 저, 고석구, 이만근 역, 《수학의 스켄들》, 10101, 1999
- 박형빈 저, 《수학은 생활이다》, 경문사, 1998
- 필립데이비스 저, 루벤 허쉬, 양영오, 허민 역, 《수학적 경험》, 경문사, 1997
- 콘스탄스 레이드 저, 허민 역, 《영에서 무한대까지》, 경문사, 1997
- 존 엘런 파울로스 저, 김동광 역, 《수학자의 신문읽기》, 경문사, 1996
- 미국수학회 저, 김재겸, 김한두 역, 《오늘날 수학에서는 어떠한 일이 일어나고 있는가?》, 교우사, 1996

INDEX | 찾아보기

수학의 세계 일상으로 떠나는 유쾌한 수학여행

지은이 · **김인수**

펴낸이 · **조승식**

펴낸곳 · (주) 도서출판 **북스힐**

등록 제22-457호

주소 · 142-877 서울시 강북구 한천로 153길 17

www.bookshill.com

E-mail · bookswin@unitel.co.kr

전화 · 02-994-0071(代)

팩스 · 02-994-0073

2011년 8월 25일 1판 1쇄 발행

2016년 12월 20일 1판 3쇄 발행

값 9,000원

ISBN 978-89-5526-784-6

* 잘못된 책은 교환해 드립니다.